气　象　灾　害　丛　书

地质气象
灾害

马　力　崔　鹏　周国兵　高克昌　主编

内容简介

本书介绍了地质气象灾害的基本概念、时间和空间分布规律、运动特征等，以及地质气象灾害的监测技术、减灾的工程和非工程措施及综合治理实例、地质气象灾害预报分类、预报业务系统建设和预报产品发布及其在减灾中的应用等，重点是强降水诱发的地质灾害的分布、监测、预报、防治等内容，特别注重地质灾害与气象学跨学科领域方面的问题。

图书在版编目(CIP)数据

地质气象灾害/马力等主编. —北京：气象出版社，2009.9(2017.3 重印)
ISBN 978-7-5029-4718-7

Ⅰ.地… Ⅱ.①马… Ⅲ.地质灾害：气象灾害 Ⅳ.P694

中国版本图书馆 CIP 数据核字(2009)第 042204 号

Dizhi Qixiang Zaihai
地质气象灾害
马 力 崔 鹏 周国兵 高克昌 主编

出版发行：气象出版社
地　　址：北京市海淀区中关村南大街 46 号　　**邮政编码**：100081
电　　话：010-68407112(总编室)　010-68408042(发行部)
网　　址：http://www.qxcbs.com　　**E-mail**：qxcbs@cma.gov.cn
总 策 划：陈云峰　成秀虎
责任编辑：张　斌　　**终　　审**：毛耀顺
封面设计：燕彤　　**责任技编**：吴庭芳
印　　刷：北京建宏印刷有限公司
开　　本：700 mm×1 000 mm　1/16　　**印　　张**：10.5
字　　数：194 千字
版　　次：2009 年 6 月第 1 版　　**印　　次**：2017 年 3 月第 2 次印刷
定　　价：35.00 元

序

据世界气象组织统计，全球气象灾害占自然灾害的86%。我国幅员辽阔，东部位于东亚季风区，西部地处内陆，地形地貌多样，加之青藏高原大地形作用，影响我国的天气和气候系统复杂，我国成为世界上受气象灾害影响最为严重的国家之一。我国气象灾害具有灾害种类多，影响范围广，发生频率高，持续时间长，且时空分布不均匀等特点，平均每年造成的经济损失占全部自然灾害损失的70%以上。随着全球气候变暖，一些极端天气气候事件发生的频率越来越高，强度越来越大，对经济社会发展和人民福祉安康的威胁也日益加剧。近十几年来，我国每年受台风、暴雨、冰雹、寒潮、大风、暴风雪、沙尘暴、雷暴、浓雾、干旱、洪涝、高温等气象灾害和森林草原火灾、山体滑坡、泥石流、山洪、病虫害等气象次生和衍生灾害影响的人口达4亿人次，造成的经济损失平均达2000多亿元。2008年，我国南方出现的历史罕见低温雨雪冰冻灾害，以及“5·12”汶川大地震发生后气象衍生灾害给地震灾区造成的严重人员伤亡和财产损失，都说明进一步加强气象防灾减灾工作的极端重要性和紧迫性。

党中央国务院和地方各级党委政府对气象防灾减灾工作高度重视。“强化防灾减灾”和“加强应对气候变化能力建设”首次写入党的十七大报告。胡锦涛总书记在2008年“两院”院士大会上强调，“我们必须把自然灾害预报、防灾减灾工作作为事关经济社会发展全局的一项重大工作进一步抓紧抓好”。在中央政治局第六次集体学习时，胡锦涛总书记再次强调，“要提高应对极端气象灾害综合监测预警能力、抵御能力和减灾能力”。国务院已经分别就加强气象灾害防御、应对气候变化工作做出重大部署。在2008年全国重大气象服务总结表彰大会上，回良玉副总理指出，“强化防灾减灾工作，是党的十七大的战略部署。气象防灾减灾，关系千家万户安康，关系社会和谐稳定，关系经济发展全局。气象工作从来没有像今天这样受到各级党政领导的高度重视，从来没有像今天这样受到社会各界的高度关切，从来没有像今天这样受到广大人民群众的高度关心，从来没有像今天这样受到国际社会的高度关注。这既给气象工作带来很大的机遇，也带来很大的挑战；既面临很大压力，也赋予很大动力，应该说为提高气象工作水平创造了良好条件”。

我们一定要十分珍惜当前气象事业发展的好环境，紧紧抓住气象事业发展的难得机遇，深入贯彻落实科学发展观，牢固树立“公共气象、安全气象、资源气象”的发展理念，始终把防御和减轻气象灾害、切实提高灾害性天气预报预测准确率作为提升气象服务水平的首要任务。面对国家和经济社会发展对加强气象防灾减灾工作的迫切需求，推进防灾减灾工作快速发展，做到“预防为主，防治结合”，很有必要编写一套《气象灾害丛书》，从不同视角吸收科学、社会以及管理各方面的研究成果，就气象灾害的发生、发展、监测、预报和预防措施，普及防灾减灾知识，提高防灾减灾的效益，为我国防灾减灾事业、构建社会主义和谐社会做出贡献。

2003年中国气象局组织编写出版了《全球变化热门话题丛书》，主要立足宣传和普及天气、气候与气候变化所带来的各方面影响以及适应、减缓和应对的措施。这套书的出版引起了很大反响，拥有广大的读者群。《气象灾害丛书》是继《全球变化热门话题丛书》之后，中国气象局组织了有关部委、中科院和高校的气象业务科研人员及相关行业领域的灾害研究专家，编写的又一套全面阐述当今国内外气象灾害监测、预警与防御方面最新技术成果、最新发展动态的科学普及读物。《气象灾害丛书》分21分册，在内容上开放地吸收了不同部门、不同地区和不同行业在气象灾害和防御方面的研究成果，体现了丛书的系统性、多学科交叉性和新颖性。这对于进一步提高社会公众对气象灾害的科学认识，进一步强化减灾防灾意识，指导各级部门和人民群众提高防灾减灾能力、有效地为各行业从业人员和防灾减灾决策者提供参考和建议都具有重要意义。同时，根据我国和全球安全减灾应急体系建设这一大学科的要求，“安全减灾应急体系”共有100多部应写作的书籍，《气象灾害丛书》的出版为逐步完善这一科学体系做出了贡献。

在本套丛书即将出版之际，谨向来自气象、农业、生态、水文、地质、城乡建设、交通、空间物理等多方面的作者、专家以及工作人员表示诚挚的感谢！感谢他们参与科学普及工作的高度热忱以及辛勤工作。

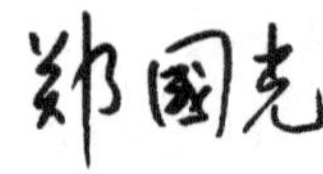

编著者的话

通过两年的努力，《气象灾害丛书》终于编写完毕。丛书由21册组成，每一册主要介绍一个重要的灾种，整个丛书基本上将绝大部分气象以及相关的衍生灾害都作了介绍，因而是一套关于气象灾害的系统性丛书。参加此丛书编写的专家有200位左右，他们来自中国气象局、中国科学院、林业部和有关高等院校等部门。他们在所编写的领域中不但具有丰硕的研究成果，而且也具有丰富的实践经验，因而，丛书无论是从内容的选材，还是从描述和写作方式等方面都能保证其准确性和适用性。编写组在编写过程中先后召开了六次编写工作会议，各分册主编和撰稿人以高度负责的态度和使命感热烈研讨，认真听取意见和修改，使各册编写水平不断提高，从而保证了丛书的质量。另外，值得提及的是，丛书交稿之前，又请了46位国内著名的院士、专家和学者进行了评审。专家们一致认为，《气象灾害丛书》是一套十分有用、有益和十分必要的防灾减灾丛书。它的出版有助于政府、社会各部门和人民群众对气象灾害有一个全面、深入的了解与认识，必将大大提高全民的防灾减灾意识。丛书的内容丰富、全面、系统、新颖，基本上反映了国内外气象灾害的监测、预警和防御方面的最新研究成果和发展动态，可以作为各有关部门指导防灾减灾工作的科学依据。

在丛书包括的21个灾种中，除干旱、暴雨洪涝、台风、寒潮、低温冷害、冰雪等过去常见的气象灾害外，丛书还包括了近一二十年新出现的或日益受到重视的新灾种，如霾、生态气象灾害、城市气象灾害、交通气象灾害、大气成分灾害、山地灾害、空间气象灾害等。这些灾害对于我国迅速发展的国民经济已越来越显示出它的重大影响。把这些灾害包括在丛书中不但是必要的，而且也是迫切的。另外，通过编写这些书，对这些灾种作系统性总结，对今后的研究进展也有推动作用。

为了让读者对每一种灾害都获得系统而正确的科学知识以及了解目前最

新的防灾减灾技术、能力和水平，编写组要求每一册书都要做到：(1) 对灾害的观测事实要做全面、正确和实事求是的介绍，主要依据近50年的观测结果。在此基础上概括出该灾种的主要特征和演变过程；(2) 对灾害的成因，要根据大多数研究成果做科学的说明和解释，在表达上要深入浅出，文字浅显易懂，避免太过专业化的用语和用词；(3) 对于灾害影响的评估要客观，尽可能有代表性与定量化；(4) 灾害的监测和预警部分在内容上要反映目前的水平和能力，以及新的成就。同时要加强实用性，使防灾减灾部门和人员读后真正有所受益和启发；(5) 对每一灾种，都编写出近50年（有些近百年）国内重大灾害事件的年表，简略描述出所选重大灾害事件发生的时间、地点、影响程度和可能原因。这个重大灾害年表对实际工作会有重要参考价值。

在丛书编写过程中，所有编写者亲历了1月发生在我国南方罕见的低温雨雪冰冻灾害和“5·12”汶川大地震。在全国可歌可泣的抗灾救灾精神的感召下，全体编写人员激发了更高的热情，从防大灾、防巨灾的观念重新审视了原来的编写内容，充分认识到防灾减灾任务的重要性、迫切性和复杂性。并谨以此丛书作为对我国防灾减灾事业的微薄贡献。

丛书编写办公室与编写组专家密切配合，从多方面保证了编写组工作的顺利完成，在此也表示衷心感谢。另外，由于这是一套科普丛书，受篇幅所限，各册文中所引文献未全部列入主要参考文献表中，敬请相关作者谅解。

编写组长　丁一汇

2008年10月21日于北京

前　言

山体滑坡和泥石流灾害都属于地质灾害，它们是由地形地貌、地层岩性、植被覆盖、人类活动、地震、冰雪消融、强降水等诸多内因和外因共同作用而产生的。由于上述因素在地球上存在的普遍性，使得山体滑坡和泥石流灾害的分布也十分广泛，并且常带来严重的人员伤亡和财产损失，因此受到许多国家的特别重视，被列入国际减轻自然灾害活动中主要的突发性自然灾害灾种。经过对大量有关资料统计，有 90%以上的山体滑坡和泥石流灾害是由强降水诱发产生的，本书主要是围绕这类地质灾害而编写的，并冠之以名——地质气象灾害。

本书编写重点是强降水诱发的地质灾害的分布、监测、预报、防治等内容，特别注重地质灾害与气象学跨学科领域方面的问题。全书共分 8 章，第 1 章概述，介绍了地质气象灾害的基本概念，较全面叙述了我国和世界地质气象灾害的分布、危害情况、人们对这种灾害的认识以及强降水诱发地质气象灾害的基本原理等。第 2 章根据我国降水的时空分布状况和形成地质气象灾害的其他因素，介绍了地质气象灾害的时间和空间分布规律及其对各方面的危害。第 3 章介绍了地质气象灾害的形成和运动特征，包括地质气象灾害形成的基本条件、规模、运动特征、多种诱发因素等，其中有许多问题是以重庆市为例加以描述的。第 4 章介绍了为能够较好地预报地质气象灾害发生，必须采用多种先进的大气探测技术和降水预报技术进行降水的精细监测和预报问题。第 5 章重点介绍了地质气象灾害减灾的工程和非工程措施及综合治理实例。第 6 章介绍了地质气象灾害的多种监测技术，包括地面探测和卫星探测技术等，并举出了由上述先进技术、传统技术和土办法结合的泥石流和山体滑坡监测系统建设案例。第 7 章先介绍了地质气象灾害预报分类，包括按时间尺度分类、按宏观与单点预报分类、按预报内容分类、按预报方法分类等；然后针对各种类型的预报介绍了其预报方法，以及预报业务系统建设和预报产品发布及其在减灾中的应用，最后介绍了地质气象灾害信息传递与恢复重建相关内容。在附录中例举了国内外 15 条地质气象灾害重大灾例，列出了 450 多条 20 世纪 60 年代以来国内重大地质气象灾害事件表供查询。

由于此书所编写的内容涉及地质、气象等多学科领域，具有跨学科的特点，为了适应多专业学科人员的阅读需要，既要做到通俗易懂，又要具有一定的科技水平，因此，本书的读者面比较广，例如对从事地质气象灾害监测预报和防灾减灾工作的专业科学技术和管理人员、有关部门及政府官员、大学教师和学生等都有参考价值。

本书是由马力、崔鹏、周国兵、高克昌共同编写完成的，崔鹏、高克昌负责泥石流相关内容的编写，马力、周国兵负责山体滑坡部分的编写，张亚平、唐云辉等参加了部分编写工作。

目 录

第1章 概论

地质气象灾害与其他自然灾害一样是与地球及其自然环境的发展变化相伴随的，是岩石圈、水圈、大气圈、生物圈等各圈层能量、物质和信息交换的一种外在表现和相互作用的产物。其作为一种与地质环境或地质体变化有关的灾害种类，在某些自然或人为的地质活动以及气象要素的共同作用下，地质环境或地质体发生了量或质的变化，当这种变化达到一定程度并对人身、财产、环境等造成危害的时候，我们将其称为地质气象灾害，如崩塌、滑坡、泥石流、地裂缝、地面沉降、地面塌陷、黄土湿陷、岩土膨胀、砂土液化、冻融侵蚀、水土流失、土地荒漠化及沼泽化。本书只讨论气象原因引起的山体崩塌、山体滑坡、泥石流灾害。

从世界范围来看，受到不同程度滑坡、泥石流威胁和危害的国家达70多个，主要沿阿尔卑斯—喜马拉雅山系、环太平洋山系、欧亚大陆内部的一些褶皱山脉以及斯堪的纳维亚山脉所在的国家分布。地质气象灾害最为严重的国家主要有前苏联、日本、中国、美国、奥地利、瑞士、印度尼西亚、意大利、新西兰等。

广布的滑坡和泥石流给包括我国在内的世界各国造成了严重的经济损失，制约了社会经济的发展。从世界范围来看，1921年哈萨克斯坦的阿拉木图发生泥石流，造成500多人丧生，财产损失500万卢布；2004年3月14日阿拉木图再次发生重大泥石流事故，近30人死亡，其中有9名中国公民；1985年11月13日哥伦比亚 Nevado del Ruiz 发生火山泥石流，造成2.5万人死亡；2005年10月，哥伦比亚北部安蒂奥基亚省的贝约镇发生泥石流，又造成至少26人死亡，30多人失踪；1967—1980年间日本有1700多人死于泥石流灾害；1998年5月，意大利南部那不勒斯等地发生罕见泥石流，造成100多人死亡、2000多人无家可归；1999年12月中旬委内瑞拉首都加拉加斯附近数十条沟谷暴发泥石流，造成3万余人死亡，33.7万人受灾（韦方强等，2000）；2005年10月危地马拉泥石流，约1400多人被埋于泥石流之下；2004年11月菲律宾奎松省发生洪涝和泥石流，300多人死亡，150多人失踪；2008年2月菲律宾莱特省发生大规模滑坡、泥石流灾害，近2000人死亡……

在我国，每年因崩塌、滑坡和泥石流等地质灾害死亡人数，占各类自然灾害死亡人数的1/4。崩塌、滑塌和泥石流的分布范围约占国土面积的44.8%。据统计，全国34个省、市、自治区、特别行政区中有20个行政区分布着受泥石流危害的城镇，占省级行政区划的58.84%，其中仅县级及其以上政府驻地城镇就达150多个（谢洪等，2006）。交通运输、工矿企业及农村均受其害。云南东川铁路支线就因泥石流频繁暴发和危害而报废。西南各铁路沿线受崩塌、滑坡和泥石流灾害的有近万千米，占全国铁路总长近20%，每年致使铁路运输中断1000～2000小时，直接经济损失1.7亿元，整治费用1.5亿元。近年来，我国部分山区铁路整治崩塌、滑坡和泥石流等灾害的费用已超过10亿元。川藏公路每年因泥石流阻断通车4～6个月，1985年培龙沟泥石流，导致80余辆汽车被埋；2004年7月云南省德宏州先后两次发生特大泥石流灾害，共造成48人死亡，85人失踪，直接经济损失10亿多人民币。全国每年因泥石流造成的经济损失在15亿～20亿元以上，死亡百余人（崔鹏等，2000）。滑坡危害巨大，1982年7月17日重庆市云阳县城东鸡扒子大滑坡，面积达0.77 km^2，1500万 m^3 土石坠入长江，1700间房屋毁于一旦；1985年6月12日湖北省秭归县新滩发生大滑坡，新滩这个千年古镇顷刻滑入长江，激起江中涌浪达几十米，江中96条船被倾覆，造成了长江上游的断航和巨大的人员财产损失。

从“成灾”的角度看，中国地质灾害的区域变化具有比较明显的方向性，即从西向东、从北向南、从内陆到沿海地质灾害趋于严重。这是因为虽然不同类型、不同规模的地质灾害几乎覆盖了中国大陆的所有区域，但由于人类活动和社会经济条件的差异，使不同地区地质灾害的发育程度和破坏程度显著不同。东部和南部地区人类活动频繁而剧烈，区内人口稠密，城镇及大型工矿企业、骨干工程密布，因此一旦发生地质灾害则损失惨重，另一方面，人类经济工程活动加剧了地质灾害的发生与发展。而西部和北部地区虽然地质灾害分布十分广泛，但大部分地区人口密度和经济发展程度低，所以危害和破坏程度相对较低。

20世纪80年代末起，随着联合国“国际减轻自然灾害十年（IDNDR）”计划的启动，包括滑坡、泥石流在内的自然灾害引起了国际社会的空前重视，许多国际和区域性自然灾害合作研究计划相继实施，极大地推动了全球范围内自然灾害预测预报研究。1995年，在“国际减灾十年”行动中期，联合国会员大会要求国际减灾十年秘书处分析全球及各国对包括滑坡、泥石流在内的各类自然灾害的早期预警能力，提出开展相关国际合作研究的建议与计划，进而促进、提高全球对自然灾害的预测预报能力和研究水平。为此，国际减灾十年秘书处成立了包括地质灾害在内的 6 个专家工作小组。1997 年专家工作组提交了“国家及局部地区灾害早期预警能力评述报告”，提出了建立国家和局部地区不同层次上有效的早期预警系统的指导原则。1998 年，国际减灾十年秘书处在德国波茨坦专门召开以“减轻自然灾害的早期预警系统”为主题的会员国大会。在会后的波茨坦宣言中强调“早期预警应该是各国和全球 21 世纪减灾战略中的关键措施之一”。1999 年，联合国会员大会决定在“国际减灾十年”计划结束后，继续实施“国际减灾战略（ISDR)”，成立国际减灾战略秘书处。该秘书处随后成立了跨国际组织的特别工作小组。2000 年，特别工作小组在瑞士日内瓦召开第一次工作会议，决定将推动灾害早期预警列为工作时间表上的首要任务，并将着重致力于协调全球的早期预警实践、促进和推广将早期预警作为减灾的主要对策之一。因此，当前国际社会对于包括泥石流、滑坡在内的灾害预测预报问题非常关注，目前已经有相当数量的国家和地区开展了地质气象灾害预报工作，并向公众发布。其中预报精细程度和水平比较高的国家和地区有：欧盟（1988 年开始)、香港（1984 年开始)、美国（1987 年开始)、日本（1985 年开始)、巴西（1998 年开始)、委内瑞拉（2001 年开始)、波多黎各（1993 年开始)。

我国对于地质灾害的防治非常重视，2003 年国务院总理温家宝签署国务院 394 号令，公布《地质灾害防治条例》，并从 2004 年 3 月 1 日起施行。条例规定了包括将地质灾害防治工作纳入国民经济和社会发展计划、国家实行地质灾害调查制度、建立健全国家地质灾害监测网络和预警信息系统、地质灾害易发区实行工程建设项目地质灾害危险性评估、国家对从事地质灾害危险性评估的单位实行资质管理制度等在内的一系列内容，从而将我国的地质灾害管理纳入了法治化的管理轨道。同年，国土资源部和中国气象局联合开展了全国汛期地质灾害气象预报预警工作，并于当年的 6 月 1 日正式在中央电视台发布地质灾害预报预警信息。上述措施对减少地质灾害财产损失和人员伤亡起到了积极的作用。

然而，由于我国地质气象灾害形成的多因素复杂性，地质气象灾害防治能力和水平仍然处于较低水平，与发达国家相比还存在着很大的差距，主要表现为：监测设备比较落后，先进的技术和设备只能在较小的范围内使用；开展预测预报时间短，预报准确率较低；防灾减灾能力差，地质气象灾害主要还是依靠群测群防；与之相应的制度和措施不够完善。为此，今后要开展以下几方面的工作：

(1) 开展细致的地质气象灾害普查，并在所获取的大量地质气象灾害发生历史状况、地质地貌状况、强降水发生状况等资料的基础上，制作出详细的地质气象灾害区划，并划分出地质气象灾害防治等级，为地质气象灾害防治打下基础；

（2）全面规划和建立依靠气象卫星、天气雷达、密集的雨量遥测站网、3S技术、卫星遥感遥测技术、电子技术、民间简易观测技术等多种手段的地质气象灾害监测网和相应的数据快速收集、处理、存储系统；

（3）研究建立在精细降水监测预报基础上的具有多种时空尺度的地质气象灾害预测预报模型，开发建立相应的预报业务系统，完善其预报业务体系；

（4）开展适应多种状况的地质气象灾害治理技术研究；

（5）建立和完善政府指导下的、具有全社会参与的地质气象防灾减灾体系，包括政策法规、管理职责、应急抢险等。开发相应的政府减灾防灾辅助决策支持系统。

1.1 地质气象灾害的基本概念

本书所指的地质气象灾害特指在常规的地质灾害类型中，那些主要由典型气象事件（如降雨）作为触发因子而引发的地质灾害，例如滑坡、泥石流、崩塌、地面沉降、水土流失、土壤盐碱化等。这类灾害因其与气象事件紧密相关，在研究和防范的时候都有与其他类型地质灾害不同的研究方法和防灾减灾思路。根据地质气象灾害形成的时间尺度，又可以将地质气象灾害分为突发性地质气象灾害和缓变性地质气象灾害。突发性地质气象灾害包括崩塌、滑坡、泥石流等，这类地质气象灾害成灾过程短暂，治理和防范难度都较大，并且也是我国目前造成重大经济损失、产生重大社会负面影响的主要地质气象灾害类型。缓变性地质气象灾害如地面沉降、水土流失、土壤盐碱化等，成灾过程往往较长，其控制因素也往往是一些中长期的气象要素，相对与突发性地质气象灾害而言，其造成的社会经济损失和社会影响要小得多。本书仅限于讨论突发性地质气象灾害，并且以崩塌、滑坡和泥石流灾害为主，这也是目前我国每年造成重大经济损失和社会影响的主要地质灾害灾种。

1.1.1 泥石流的基本概念

1.1.1.1 泥石流的定义

泥石流是由于降水（暴雨、融雪）而形成的一种挟带大量泥砂、石块等固体物质的固液两相流体，呈黏性层流或稀性紊流等运动状态，是高浓度固体和液体的混合颗粒流。典型的泥石流由悬浮着粗大固体碎屑物并富含粉砂及黏土的黏稠泥浆组成。在适当的地形条件下，大量的水体浸透山坡或沟床中的固体堆积物质，使其稳定性降低，饱含水分的固体堆积物质在自身重力作用下发生运动，就形成了泥石流。它暴发突然、历时短暂、来势凶猛，具有极强的破坏力，是一种灾害性的地质现象。

对于泥石流的科学定义，目前学术界尚有不同意见。前苏联的弗莱施曼认为泥石流是指固体物质含量高、泥位剧增的暂时性山地河床洪流，并将泥石流现象分为三个阶段：酝酿阶段、运动阶段和堆积阶段。日本砂防学会定义为：泥石流并非水搬运泥沙物质，而是含水的粥状泥沙在其重力作用下产生的运动现象。高桥堡又补充认为，泥石流是泥沙、石块等固体物质与水的混合物在重力作用下而发生运动的连续体，在其运动中，内部一面产生连续变形，一面又以相当的速度移动，水在泥石流体中起着非常重要的作用（商向朝，郝勇 1986）。英国地质学会工程组认为，泥石流是介于水流和滑坡之间的一系列过程，因而包括重力作用下的松散物质、水体和空气构成的块体运动（康志成等，2004）。美国学者 Johnson 认为泥石流是一种混有少量水和空气的粒状固体在缓坡上迅速流动的过程（李德基 1997）。国内，唐邦兴等（1980）认为泥石流是产生在沟谷中或坡地上的一种饱含大量泥沙石块和巨砾的固液两相流体，它介于块体运动和水力运动之间，呈稀性紊流、黏性层流或塑性蠕流等状态运动，是各种自然因素和人类活动综合作用的产物。陈光曦等（1983）认为泥石流是含有大量固体物质（泥、砂、石）的山洪。关君蔚、王礼先等（1984）认为泥石流是指在山区发生、固体径流物质处于超饱和状态的急流。钱宁、王兆印（1984）则定义泥石流为发生在沟谷和坡地上的饱含小至黏土、大至巨砾的固液两相流，液相是水和细颗粒泥沙掺混而成的匀质浆液，固相是较粗的颗粒。康志成等（2004）认为泥石流是一种介于滑坡和水流之间的含泥、沙和石块的固液两相流体，具有暴发突然、运动快速、历时短暂等活动特点，呈紊流或层流等运动状态。

普通民众由于对泥石流缺乏科学的认识，面对凶猛的泥石流现象惊恐万分，把泥石流暴发称为“走蛟”、“出龙”，在四川西部山区称之为“母猪龙”，云南称为“蛟龙”，并建庙宇或立碑祭祈，给它蒙上了一层神秘的色彩。实际上，泥石流的发生受多种自然因素的控制，如地质、地貌、水文、气象、土壤、植被覆盖等，同时人为因素也在一定程度上加速或延缓了泥石流的发生。在地形有利、固体松散物质来源丰富的前提下，暴雨、冰雪融化、冰川、水体溃决等均可激发泥石流。暴发时，混浊的泥石流体沿着陡峻的山沟，前推后拥，奔腾咆哮而下，地面为之震动，山谷有如雷鸣；冲出山口之后，在宽阔的堆积区横冲直撞，漫流遍地。由于泥石流暴发突然，运动很快，能量巨大，来势凶猛，破坏性非常强，常给山区城镇、乡村人民生命财产和工农业生产、基础建设等造成极大危害。

1.1.1.2 泥石流的分类

泥石流按其物质成分可分成三类：由大量黏性土和粒径不等的沙粒、石块组成的叫泥石流；以黏性土为主，含少量沙粒、石块，黏度大，呈稠泥状的叫泥流；由水和大小不等的沙粒、石块组成的谓之水石流。

泥石流按其物质状态可分为两类：一是黏性泥石流，即含大量黏性土的泥石流或泥流，其特征是黏性大，固体物质占40%～60%，最高达80%。水不是搬运介质，而是组成物质，稠度大，石块呈悬浮状态，暴发突然，持续时间短，破坏力大。二是稀性泥石流，以水为主要成分，黏性土含量少，固体物质占10%～40%，有很大分散性。水为搬运介质，石块以滚动或跃移方式前进，具有强烈的下切作用。其堆积物在堆积区呈扇状散流，停积后的表面形态类似于“石海”。

以上分类是我国最常见的两种分类。除此之外还有多种分类方法，如按泥石流的成因分为冰川型泥石流、降雨型泥石流；按泥石流沟的形态分为沟谷型泥石流、山坡型泥石流；按泥石流流域大小分为大型泥石流、中型泥石流和小型泥石流；按泥石流发展阶段分为发展期泥石流、旺盛期泥石流和衰退期泥石流等等。

1.1.2 山体滑坡的基本概念

1.1.2.1 山体滑坡的定义

山体滑坡是指山体斜坡上的土体或岩体，受降水、河流冲刷、地下水活动、地震及人工切坡等因素的影响，在重力的作用下失稳，沿着坡面内部的一个（或多个）软弱面（带）发生剪切而产生的整体或分散地顺坡向下滑动的现象，俗称“走上”、“垮山”、“地滑”、“土溜”、“山剥皮”等。

对于滑坡的定义可以从以下几个方面来理解：

（1）滑坡体的物质成分就是那些构成原始斜坡坡体的岩土体，而斜坡坡面上的其他物质（如雪体、冰体、货物、动植物体等）顺坡面下滑都不是滑坡现象，甚至坡面上的岩块、土块等岩土碎屑物质零星地顺坡面下滑也不属于滑坡现象。

（2）滑坡是发生在地壳表部的处于重力场之中的块体运动，产生块体滑动的力源是重力。

（3）滑坡下部的软弱面（带）即滑动面（带）是发生滑坡时应力集中的部位，斜坡坡体在这一位置上发生着剪切作用。自然界中的许多所谓“岩崩”、“山崩”现象实质上仍是滑坡现象。但是从滑坡体解体后的各个局部块体来看，它们在滑动背景中还同时发生了倾斜甚至翻滚，块体之间还发生挤压和碰撞。这样的滑坡具备了一些崩塌现象的特征，所以又往往被统称为“岩崩”或“山崩”。这类滑坡可以看作是滑坡与崩塌之间的过渡类型，称为崩塌性滑坡。

(4) 坡体内的软弱面（带）往往有很多，有的坡体内同时发生滑动剪切的软弱面（带）也不止一个。有的滑坡虽然只有一个发生剪切作用的软弱面（带），但随着边界条件的变化，也可能会向上或向下转移到一个新的软弱面（带）位置上继续发生剪切滑动作用。

(5) 整体性是滑坡体的重要特征，滑坡体至少在启动时呈现整体性运动。许多滑坡体在运动过程中也都还能大体上保持自身的完整状态，但也有些滑坡体因岩土体结构、滑动面（带）起伏、含水量、剪出口位置等原因而发生变形或解体，从而表现为崩塌性滑坡，或更进一步转变为崩塌、坡面（或沟谷）泥（石）流。

(6) 通常情况下，滑坡是包含着滑动过程和滑坡堆积物的双重概念。滑动过程带来灾害早已引起人们的重视，而滑坡堆积物是滑坡运动后的产物，它不仅是指那些直接参与了滑动过程后停积下来的物质——滑坡体本身所形成的堆积物，而且也包括由于滑坡作用的影响而间接形成的堆积物，如水下的浊流堆积物、滑坡堰塞湖中的静水堆积物等等。

一个完整的滑坡可由以下要素组成：

滑坡体——指滑坡的整个滑动部分，简称滑体；

滑坡壁——指滑坡体后缘与不动的山体脱离开后暴露在外面的形似壁状的分界面；

滑动面——指滑坡体沿下伏不动的岩、土体下滑的分界面，简称滑面；

滑动带——指平行滑动面受揉皱及剪切的破碎地带，简称滑带；

滑坡床——指滑坡体滑动时所依附的下伏不动的岩、土体，简称滑床；

滑坡舌——指滑坡前缘形如舌状的凸出部分，简称滑舌；

滑坡台阶（阶地）——指滑坡体滑动时，由于各种岩、土体滑动速度差异，在滑坡体表面形成台阶状的错台；

滑坡周界——指滑坡体和周围不动的岩、土体在平面上的分界线；

滑坡洼地——指滑动时滑坡体与滑坡壁间拉开而形成的沟槽或中间低四周高的封闭洼地；

滑坡鼓丘——指滑坡体前缘因受阻力而隆起的小丘；

滑坡裂缝——指滑坡活动时在滑体及其边缘所产生的一系列裂缝。位于滑坡体上（后）部多呈弧形展布者称为拉张裂缝；位于滑体中部两侧，滑动体与不滑动体分界处者称剪切裂缝；剪切裂缝两侧又常伴有羽毛状排列的裂缝，称羽状裂缝；滑坡体前部因滑动受阻而隆起形成的张裂缝，称鼓张裂；位于滑坡体中前部，尤其在滑舌部位呈放射状展布者，称扇状裂缝（见图 1.1、图 1.2）。

当然，上述要素只有在发育完全的新生滑坡才同时具备，并非任一滑坡都完全具有。

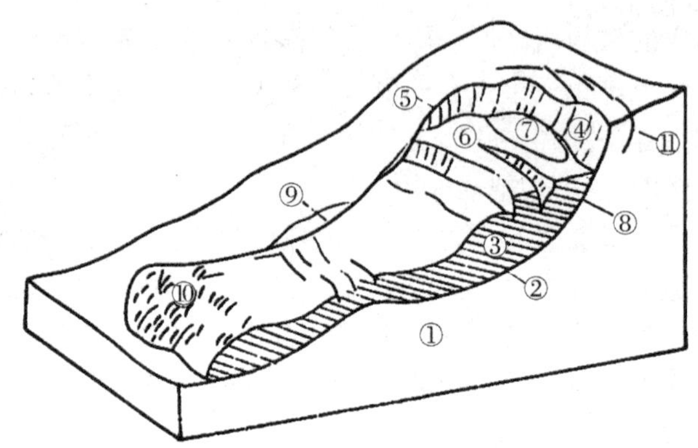

图 1.1　滑坡基本要素示意图（以土质滑坡为例）

①滑床 ②滑面 ③滑体 ④滑坡后壁 ⑤侧壁 ⑥滑坡平台⑦滑坡湖 ⑧横向裂缝 ⑨羽状裂缝 ⑩滑坡前缘（滑坡舌、鼓张裂缝）⑪后缘环状拉裂缝

图 1.2　典型山体滑坡图

1.1.2.2　山体滑坡分类

滑坡根据不同的研究角度和分类标准有多种分类方法。

根据滑坡体体积可将滑坡分为：①小型滑坡，一般滑坡体积小于10 万 m^3；②中型滑坡，滑坡体积为 10 万～100 万 m^3；③大型滑坡，滑坡体积为 100 万～1000 万 m^3；④特大型滑坡（巨型滑坡），滑坡体体积大于 1000 万 m^3。

根据滑坡的滑动速度，将滑坡分为：①蠕动型滑坡，人们凭肉眼难以看见其运动，只能通过仪器观测才能发现的滑坡；②慢速滑坡，每天滑动数厘米至数十厘米，人们凭肉眼可直接观察到滑坡的活动；③中速滑坡，每小时滑动数十厘米至数米的滑坡；④高速滑坡，每秒滑动数米至数十米的滑坡。

另外，根据滑动力学特征滑坡可分为牵引式、推移式、平推式与混合式几种；按照岩土体性质分为土层和岩石两种；按照滑体厚度可分为浅层（小于 10 m）、中层（10～30 m）、深层（大于 30 m）三类；根据构造特征还可分为顺层与切层滑坡等。表 1.1 总结了目前常见的一些滑坡分类及其分类标准。

表 1.1　常见滑坡分类及其标准

分类依据	滑坡类型（别称）
1. 滑坡体平面形态	圈椅形（马蹄形） 横长形（横展形） 纵长形（条形） 缩口形（葫芦形） 勺形 椭圆形 多边形（角形）
2. 滑坡体厚度（m）	巨厚层滑坡（＞50） 厚层滑坡（30～50） 中层滑坡（15～30） 浅层滑坡（6～15） 表层滑坡（＜6）
3. 滑坡体积（m^3）	超巨型＞10^9 巨型 10^8～10^9 超大型 10^7～10^8 大型 10^6～10^7 中型 10^5～10^6 小型 10^4～10^5 较小型 10^3～10^4 微型 10^2～10^3 极微型＜10^2
4. 纵剖面上的滑面形状	直线形滑坡 折线形滑坡 圆弧形滑坡
5. 滑动面数目	单滑面滑坡 双滑面滑坡（双层滑坡） 多滑面滑坡（多层滑坡）
6. 滑坡体含水程度	干滑坡（块体滑坡） 塑性滑坡 饱水滑坡（塑流滑坡）
7. 主要诱发因素	地震滑坡、暴雨滑坡、融冻滑坡（融冻滑塌）、液化滑坡、工程滑坡（人为滑坡）、渠道滑坡、水库滑坡、公路滑坡、矿山滑坡
8. 地表水动力条件	陆上滑坡 水边滑坡 水底滑坡
9. 滑坡力学状态	牵引式滑坡（后退式滑坡）、推动式滑坡（推移式滑坡）
10. 主滑段与地层关系	顺层滑坡 切层滑坡
11. 滑坡物质	岩质滑坡（岩石滑坡、岩层滑坡）、半成岩地层滑坡、土质滑坡（覆盖层滑坡）
12. 运动状态	剧冲型滑坡（崩塌型滑坡、高速滑坡）、缓慢滑坡、周期性变速滑坡（间歇滑坡）、匀速滑坡
13. 发生时代	潜伏性滑坡（隐滑体） 新滑坡 老滑坡 古滑坡
14. 滑动次数	首次滑坡 多次滑坡

1.2 强降水诱发地质气象灾害的基本原理

1.2.1 强降水诱发山体滑坡的基本原理

强降水诱发山体滑坡的机理，主要研究水在导致边坡发生蠕变、滑动、失去稳定性直至发生灾变的作用机理、过程特征等，期望能够为宏观统计结果找到印证，为宏观统计结果找到理论依据。

影响边坡稳定性的因素很多，包括地质构造、地应力、岩性、结构面、边坡坡角、天体引潮力、地震、植被、水文地质条件以及人类工程活动等，其中以水对边坡的影响最为突出，故有“治坡先治水”、“无水不滑坡”之说（张建永 1999）。

水的存在会增大岩土体的容重，软弱岩在水的长期浸泡下力学性质劣化，孔隙水压力使滑动面上的有效应力降低，滑坡后缘的孔隙水压力产生水平分量，这些都不利于滑坡体的稳定性。当岩土体中含有可溶盐类（如石膏）时，水的溶蚀作用具有很强的破坏性。

1.2.1.1 边坡稳定性判断原理

我们用极限平衡法分析滑坡体稳定性（尚岳全 2006）。首先将滑坡体视为刚性体，不考虑其本身的变形，并取滑坡体剖面进行分析。边坡岩土的破坏遵从库仑强度破坏理论，认为当边坡的稳定系数 $K=1$ 时，滑坡体处于极限平衡状态。

如图 1.3 所示，取单位宽度进行稳定性计算。单位宽度滑坡体的重量为：

$$W=\frac{\gamma H^2 \sin(\alpha-\beta)}{2\sin\alpha\sin\beta} \tag{1.1}$$

下滑力为 $W\sin\beta$，在岩土中没有水作用时的抗滑力为 $W\cos\beta\tan\varphi+Cl$（此时岩土受到的有效应力等于总应力），稳定性系数 K 为：

$$K=\frac{W\cos\beta\tan\varphi+Cl}{W\sin\beta}=\frac{2Cl\sin\alpha}{\gamma H^2\sin(\alpha-\beta)\sin\beta}+\frac{\tan\varphi}{\tan\beta} \tag{1.2}$$

式中 γ 为滑坡体的天然重度（kN/m^3）；φ 为潜在滑面的内摩擦角（°）；C 为潜在滑面的黏聚力（kPa）；l 为滑面的长度（m）；其他符号如图所示。

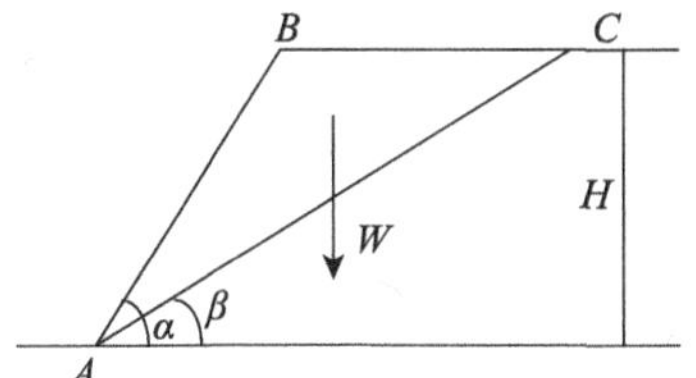

图 1.3　简单边坡受力剖面示意图

在岩土中有非流动水作用时，岩土受到的有效应力等于总应力与岩土中孔隙水压力之差，所以岩土中的抗滑力为（$W\cos\beta-ul$）$\tan\varphi+Cl$，其中 u 为孔隙水压力。而此时的稳定性系数为：

$$K=\frac{(W\cos\beta-ul)\tan\varphi+Cl}{W\sin\beta}$$

$$=\frac{2Cl\sin\alpha}{\gamma H^2\sin(\alpha-\beta)\sin\beta}+\frac{\tan\varphi}{\tan\beta}-\frac{2ul\sin\alpha\tan\varphi}{\gamma H^2\sin(\alpha-\beta)} \tag{1.3}$$

由（1.3）式可以看出，边坡的稳定性是由边坡的下滑力和抗滑力的比较优势决定的，当抗滑力大于下滑力时，$K>1$，则边坡稳定，反之则失去稳定。下滑力是由边坡的坡度 α、滑移面的坡度 β、边坡的高度 H、岩土的容重等量决定的，滑移面的坡度越大、高度越高，下滑力就越大，所以，山体滑坡发生的危险性与边坡的坡度是相关的，这从实际资料统计中已经得到证实；抗滑力与岩土的黏聚力、内摩擦角、孔隙水压力等量有关，岩土的黏聚力和内摩擦角是由岩土的性质决定的，它们越大抗滑力就越大，而孔隙水压力是起相反作用的，其越大抗滑力就越小。

在岩土中有流动水作用时，岩土受到的下滑力中还应该增加因水的渗流而产生的压力，即动水压力 j。此时，边坡的稳定性系数的表达式变为：

$$K=\frac{(W\cos\beta-ul)\tan\varphi+Cl}{W\sin\beta+jhl} \tag{1.4}$$

式中 h 为滑坡体的厚度。可以看出，动水压力的存在会使边坡稳定性系数变小，动水压力越大，稳定性系数变小越严重。

1.2.1.2　降水对边坡稳定性系数影响原理

降水对滑坡体的作用主要表现为对岩土的软化作用、泥化作用、冲刷作用，主要通过增加岩土中的孔隙水压力和渗透过程中形成的动水压力起作用。

（1）降水通过增加孔隙水压力减小抗滑力

岩土是具有连续空隙的介质，岩土中的孔隙是相互联通的，因此饱和岩土孔隙中的水是连续的，它与通常的静水一样，能够承担或传递压力。我们把饱和岩土中由孔隙水来承担或传递的压力定义为孔隙水压力，以 u 表示。

孔隙水压力的方向始终垂直于作用面，任一点的孔隙水压力在各个方向是相等的，其值等于该点的测压管水柱高度与水的重度的乘积。

岩土中还有通过土粒间接触面传递的应力——有效应力，以 σ' 表示。由著名的有效应力原理知（尚岳全 2006），一个面上的总应力（以 σ 表示，它是作用在该面上的外荷载所引起的法向总应力）等于孔隙水所承担的力和粒间接触面所承担的力之和，即

$$\sigma=\sigma'+u \tag{1.5}$$

它表现了一个作用面上总应力、有效应力、孔隙水压力三者之间的关系。当总应力保持不变时，有效应力和孔隙水压力可以互相转化，即孔隙水压力增大（减小）等于有效应力减小（增大）。

孔隙水压力可由下式计算得出，其中 γ_w 是水的容重，h_w 是水柱高度。

$$u=\gamma_w h_w \tag{1.6}$$

降水渗入和浸泡滑坡体，使滑坡体中的孔隙充满水，从而增大滑坡体中的孔隙水压力。从式（1.5）可以看出，在总应力不变的情况下，孔隙水压力增加会导致有效应力减小。降水量越大，灌入和渗入滑坡体的水越多，造成孔隙水压力越大。实际可以观测到的是，孔隙水压力在供水充足的时候可以抵消大部分的有效应力，使滑坡体中形成软弱结构面，并在此面上产生滑动。从式（1.3）看出，孔隙水压力增加可以造成边坡的稳定性下降。

（2）降水通过增加动水压力减小边坡稳定性系数

动水压力是指水在穿过结构面流动时为克服阻力而产生的一种渗透力，以 j 表示。根据尚岳全（2006）给出的公式知，动水压力可以表示为：

$$j=\gamma_w i \tag{1.7}$$

式中 i 为水力梯度。可以看出，动水压力与滑坡体上的水力梯度成正比，而滑坡体上的水力梯度则由降水量和降水强度决定，降水量和降水强度越大，水力梯度就越大，从而动水压力就越大。

降水通过滑坡体上的拉裂缝隙灌入到滑坡体中，或者通过在岩土中的下渗过程下渗到滑坡体中，产生动水压力。从式（1.4）可以看出，动水压力可以导致边坡稳定系数下降，动水压力越大，边坡稳定性系数越小。

实际上，动水压力可以加大或减小土粒之间的压力（视水流方向自下而上还是自上而下定），有时使土粒之间没有压力，处于悬浮状态，随渗流水一起流动，造成渗透破坏。

在水动力条件足够大的情况下，还会通过潜蚀破坏、流沙、管涌等形式破坏边坡。

（3）降水通过影响 φ、C 影响边坡稳定性系数

降水渗入和浸泡滑坡体，还可以使得岩土颗粒间距离增大，使分子吸引力的强度迅速衰减，从而岩体 φ、C 值明显降低，导致边坡稳定性系数减小，边坡稳定性变差。例如，针对泥质粉沙岩，在天然情况下，黏聚力 C 的值为 300～500 kPa，但在土体因水作用饱和时其值下降为 80～100 kPa，可下降 5 倍之多；内摩擦角 φ 的值在天然状况下为 34°～42°，而在饱和状态下减小到 18°～20°。

1.2.2 泥石流发生的基本模式

泥石流的发生有两大基本模式（康志成等 2004）：一种是水动力模式，即随着水运动的加强，河床中的泥沙自启动发展成泥石流；另一种是土动力模式，即由于高位山坡上的各种地貌形态上的松散土石体，随着含水量的增加开始启动，土石体在高速下滑过程中受到强烈扰动和液化而形成泥石流。图 1.4 和图 1.5 表达了这两种泥石流形成过程，可以看出，它们都离不开水。

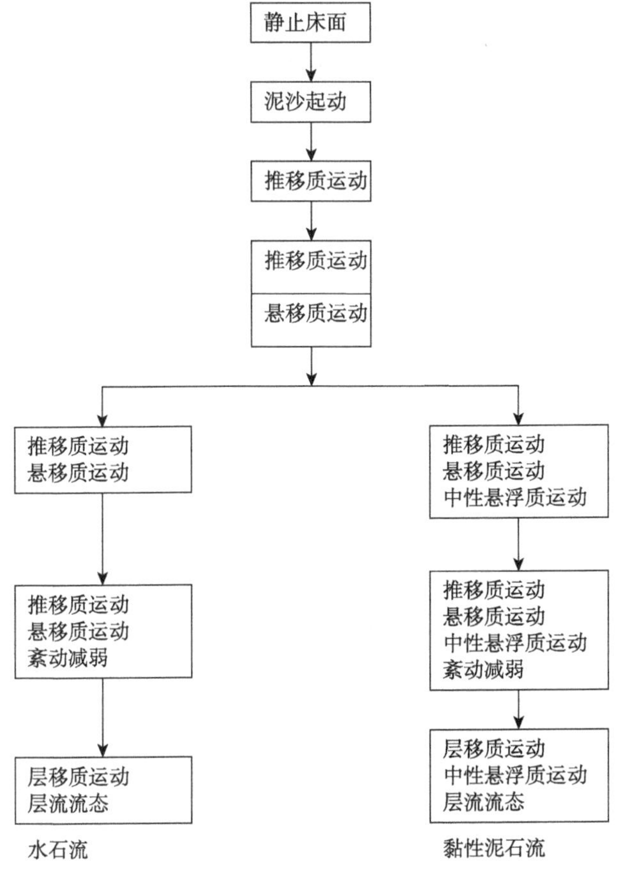

图 1.4　水动力模式泥石流形成过程

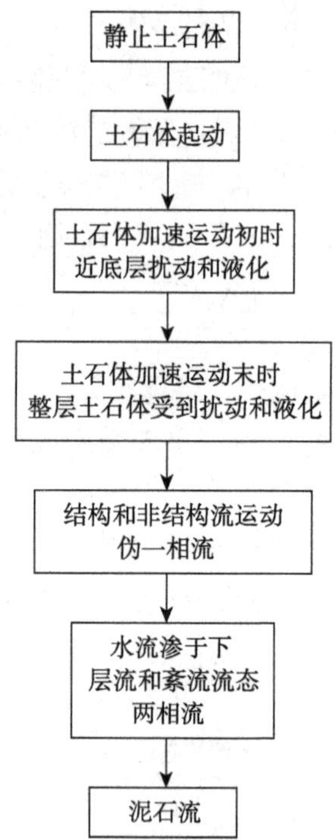

图 1.5　土动力模式泥石流形成过程

我国地质气象灾害的活动与危害

2.1 我国地质气象灾害的分布

2.1.1 泥石流的分布特征

从已经查明的泥石流沟分布情况来看（图 2.1），我国泥石流分布范围非常广，但同时又相对集中，分布格局明显受地形、断裂构造、岩性、降水以及人类活动等因素控制。其分布大体上以大兴安岭、燕山、太行山、巫山、雪峰山一线为界。该线以西是我国地貌的第一、二级阶梯，包括高原、深切河谷、高山、极高山和中山区，是我国泥石流最发育、分布最为集中的地区，常常成片、成群出现，成片状或带状分布。此线以东，即我国地貌最低的一级阶梯，包括低山、丘陵和平原，泥石流分布除辽东南山地较为密集外，大都呈零星散布（唐邦兴等 1980；杜榕桓等 1995；符文熹等 1997）。

唐邦兴等（1991）将全国划分为 4 个大区 15 个亚区（表 2.1）。

表 2.1　中国泥石流灾害危险性区划

大区名称	亚区名称	泥石流活动特点
西南印度洋流域极大危险泥石流区	怒江最危险区 雅鲁藏布江中等危险区	以坡面泥石流为主，超高频，每年暴发数十次，活动性极强，尤其在西藏东南部。在季风气候区地质地貌有利于泥石流发生、发展，泥石流分布广，数量多，活动强
东南太平洋流域最危险泥石流区	金沙江、澜沧江最危险区 岷江最危险区 嘉陵江最危险区 雅砻江最危险区 长江中等危险区 珠江较危险区	坡面泥石流、沟谷泥石流都有，高频，每年暴发数次，活动强烈，尤其在四川西部、滇东南。泥石流分布广，数量较多，活动较强

续表

大区名称	亚区名称	泥石流活动特点
东北太平洋流域危险泥石流区	泾河、洛河中等危险区 黄河上游中等危险区 黄河中游最危险区 黄淮海中等危险区 松花江、辽河较危险区	坡面泥石流、沟谷泥石流均有，中频，约5年暴发一次，中等活动强度。尤其是陕南、辽南。泥石流分布较广，数量多，活动频繁
内流及北冰洋流域一般或无危险泥石流区	新藏内流微弱或无危险区 额尔齐斯河微弱危险区	以沟谷泥石流为主，低频，多年一次，微弱活动

从表2.1和图2.1可以看出，我国泥石流的分布有以下特点：

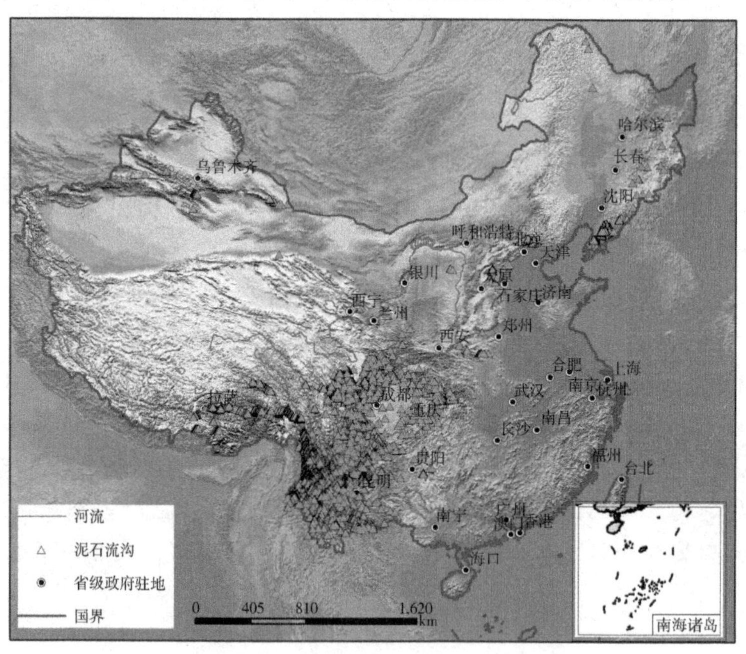

图2.1 中国已查明泥石流沟分布简图（高克昌 2006）

(1) 泥石流在我国集中分布在两个带上：一是青藏高原与次一级的高原与盆地之间的接触带；另一个是上述的高原、盆地与东部的低山丘陵或平原的过渡带。

(2) 在上述两个带中，泥石流又集中分布在一些大断裂、深大断裂发育的河流沟谷两侧。这是我国泥石流密度最大、活动最频繁、危害最严重的地带。

(3) 在各大型构造带中，具有高频率的泥石流又往往集中在板岩、片岩、片麻岩、混合花岗岩、千枚岩等变质岩系及泥岩、页岩、泥灰岩、煤系等软弱岩系和第四系堆积物分布区。

(4) 泥石流的分布还与大气降水、冰雪融化的显著特征密切相关。即高频率的泥石流主要分布在气候干湿季较明显、较暖湿、局部暴雨强大、冰雪融化快的地区，如云南、四川、甘肃、西藏等。低频率的稀性泥石流主要分布在东北和南方地区。

2.1.2 滑坡的分布特征

我国滑坡分布具有点多面广的特点，各省（区、市）均有分布。总体来说，大兴安岭—燕山—太行山—巫山—雪峰山一线以西，大兴安岭—张家口—榆林—西安—兰州—玉树—拉萨一线以东之间区域，因同时具备滑坡发育的山地地形和年降水量 400 mm 以上的气候条件，是我国滑坡分布的密集地带。其中以西部地区（西南、西北）的云南、贵州、四川、重庆、西藏以及湖北西部、湖南西部、陕西、宁夏及甘肃等省（区、市）最为严重。据初步统计，全国至少有 400 多个市、县、区、镇，10 000 多个村庄受到滑坡灾害严重侵害，有详细记录的滑坡灾害点约为 41 万多处，总面积为 173.52 万 km^2，约占国土总面积的 18%（截至 2000 年）（黄润秋 2007）。

此外，根据国土资源部地质环境公告统计，2001 年全国共发生滑坡灾害 3034 起，主要分布在安徽、湖南、云南、重庆、福建和四川等省（市）；2002 年滑坡灾害最严重，全国共发生 40000 余起，分布在福建、湖南、云南、四川、重庆、广西、湖北、新疆和浙江等 27 个省（区、市）；2003 年全年共发生滑坡灾害 8973 起，主要发生在陕西、重庆、四川、湖南、云南、湖北、安徽、广西以及贵州等省（区、市）；2004 年全国共发生滑坡灾害 9130 起，主要分布在湖南、云南、重庆、四川、湖北、广西、安徽、福建等省（区、市）；2005 年，全国共发生滑坡灾害 9359 起，主要分布在福建、安徽、湖北、重庆、陕西、浙江、广东等省（市），其中福建省滑坡灾害最为严重，全省全年共发生滑坡灾害 5934 起，占 2005 年全国滑坡灾害发生总数的 63.4%；2006 年，全国共发生滑坡灾害 88523 起，主要分布在湖南、福建、广东、江西、广西等省（区），其中湖南省全年共发生滑坡灾害 78641 起，占 2006 年全国滑坡灾害发生总数的 88.8%。根据统计结果，2001—2006 年经常出现滑坡灾害的省份如图 2.2 所示。

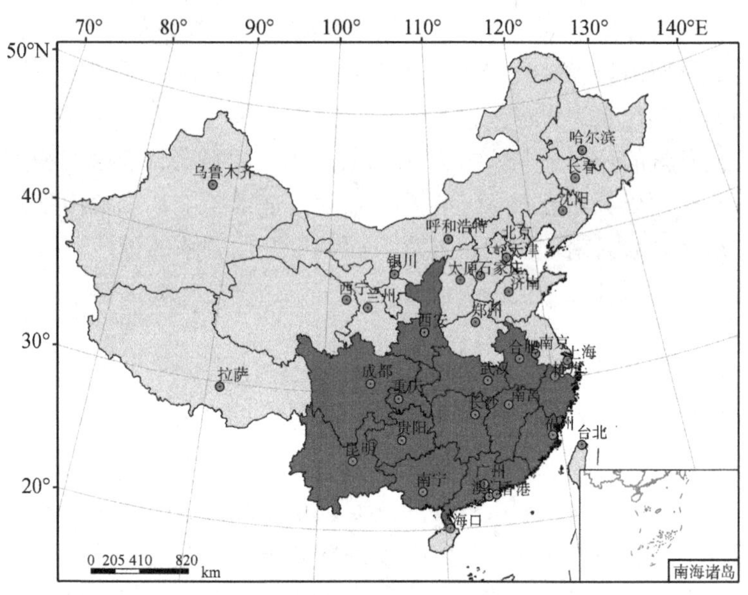

图 2.2　2001—2006 年我国经常出现滑坡灾害的省（区、市）

2.2　我国地质气象灾害的活动特点

2.2.1　泥石流的活动特点

泥石流特点是沿沟“流动”，具有明显的直进性和非恒定性。它是在重力作用下，物质由高处向低处的一种运动形式，因此，流动的速度受地形坡度的制约，即地形坡度较缓时，泥石流的运动速度较慢；地形坡度较陡时，泥石流的运动速度较快。当泥石流运动速度较快，并且当泥石流运移路径上有路桥、城镇、村庄分布时，常常由于猝不及防而造成巨大生命、财产损失。

概括起来泥石流的活动具有以下特征：

（1）突发性和灾变性

泥石流活动的突发性表现在暴发突然，历时短暂，一场泥石流过程从发生到结束一般仅几分钟到几十分钟，在流通区的流速可高达 30～100 m/s。这种突发性不仅使灾情加重，而且难于准确预报和有效预防。

泥石流常给山地环境带来灾变，这种灾变包括泥石流的强烈侵蚀和淤积，强大搬运能力和严重的堵塞，以及由泥石流强烈侵蚀与滑坡活动相互促进造成的灾变性和毁灭性。2001 年 9 月 25 日云南永胜金官乡板山河泥石流一夜之间竟将 300 万 m^3 泥沙石块从山内推到山麓地带，形成巨大的石海沙滩，给农业生产和环境带来深重的灾难。1986 年 9 月 22—25 日云南南涧县城周围 9 条沟谷暴发泥石流，冲出的大量泥沙淤积在县城街道，厚达 1m，造成城镇人民生命财产巨大损失。

（2）波动性和周期性

我国山区泥石流活动时强时弱，具有波浪式变化的特点，有明显的活动期和平静期。如怒江（怒江桥—贡山）发育有 160 条泥石流沟，自 1949 年以来出现三个活动期，分别为 1949—1951 年、1961—1966 年和 1969—1983 年。

泥石流活动周期性主要取决于激发雨量和松散固体物质补给速度。周期短的泥石流每年暴发数十次，如云南东川蒋家沟、盈江浑水沟等；周期长的泥石流沟，数十年甚至数百年暴发一次，如云南东川因民黑山沟和猛先河两岸泥石流，重现期为 30～50 年，四川南坪关庙沟、雅安陆王沟、干溪沟，重现期为 200 年之久。泥石流周期越长，当地人民灾情意识就越淡，这又加剧了灾害的突发性和严重性，因而造成上百人死亡、千万元以上的经济损失。

（3）群发性和强烈性

据近几年中国科学院东川泥石流观测研究站的观测表明，一次泥石流的侵蚀模数可达 20 万～30 万 t/km^2 以上，最大可达 50 万 t/km^2，平均侵蚀深度达 10m。滑坡在泥石流分布区十分活跃，特大型滑坡一次的侵蚀量达数千万立方米。这种由泥石流、滑坡所造成的灾害强度是相当大的。自 20 世纪 70 年代末以来，四川、云南、西藏等省区泥石流活动日益剧增，灾害强度大、危害面积广，灾情严重。1979 年滇西北怒江州六库、泸水、福贡、贡山和碧江 5 个县 40 余条沟暴发了泥石流，为近 30 年来泥石流暴发最多和最严重的一年。1985 年滇东北东川市周围的小江河谷，20 多条沟暴发大规模黏性泥石流，冲毁铁路、桥涵，淤埋农田和村寨。自 1980 年以来，东川市由于泥石流灾害造成的经济损失就几乎接近该市同期财政总收入。泥石流的群发性受区域性降雨量和坡体稳定性的影响，这种群发性特征在云南表现相当明显，1986 年祥云鹿鸣山的“九十九条破菁”几乎同时暴发了泥石流。

（4）低频性和猛烈性

泥石流首次暴发或间歇较长时间后再度暴发，其规模较大，来势凶猛，危害严重。这是因为沟谷内提供泥石流形成的固体物质、陡峻地形（坡度）和充沛的水源等条件都处于最优的状态，当遇到某种特殊因素（如强烈地震、特大暴雨、溃决水源等）的激发，都可导致巨大而猛烈的泥石流，诸如西藏古乡沟 1953 年特大冰川泥石流，1981 年成昆铁路利子依达沟泥石流。

（5）类型差异性

泥石流类型不同，年内活动期也不同．我国泥石流类型多样，依其水源补给条件划分为雨水类、冰川类和过渡类等泥石流类别。泥石流类型不同，活动期也不同。雨水类泥石流发生时间早，结束时间晚，大多出现在 4—10 月。我国南部、西南部地区受西南季风影响，4 月就进入雨季，10 月还常受到孟加拉风暴侵袭而带来充沛的降水（雪），故降水特点呈双峰型。冰川消融型泥石流则出现在 5—9 月，正是西南季风旺盛季节，也是泥石流活动最频繁的季节。冰湖溃决型泥石流多出现在 7—9 月，各类泥石流发生频率以 5—8 月为最高。

（6）夜发性

我国泥石流发生时间多在夏秋季节的傍晚或夜间，具有明显的夜发性。据对云南省泥石流暴发时间的统计，有 80％发生在夜间，这也增加了泥石流的灾害性。对西藏加马其美沟（雨水型泥石流沟）1970—1977 年期间、古乡沟（冰川消融型泥石流沟）1954—1964 年期间和唐不朗沟（冰湖溃决型泥石流沟）1940—1977 年期间泥石流发生的统计表明，多年来各类泥石流在夜晚发生占总发生次数的 52％以上，其中雨水型泥石流的夜发率最高，占雨水型泥石流的 66％；冰川消融型泥石流占 46％；而冰湖溃决型泥石流都在午后至夜晚发生。

但就一条泥石流沟来看，它的夜发性也很明显，如 1964 年西藏古乡沟 5—9 月共发生 85 次泥石流，其中在夜晚发生 43 次，占总发生率的 50％以上；1984—1985 年云南东川蒋家沟共发生泥石流 21 次，其中在夜晚发生达 15 次，占总发生率的 71％以上。

泥石流发生的时间具有如下规律：

（1）季节性：我国泥石流的暴发主要是受连续降雨、暴雨，尤其是特大暴雨集中降雨的激发。因此，泥石流发生的时间规律是与集中降雨时间规律相一致，具有明显的季节性，一般发生在多雨的夏秋季节。四川、云南等西南地区的降雨多集中在 6—9 月，因此西南地区的泥石流多发生在 6—9 月；而西北地区降雨多集中在 6、7、8 三个月，尤其是 7、8 两个月降雨集中，暴雨强度大，因此西北地区的泥石流多发生在 7、8 两个月，据不完全统计，发生在这两个月的泥石流灾害约占该地区全部泥石流灾害的 90％以上。

（2）周期性：泥石流的发生受暴雨、洪水、地震的影响，而暴雨、洪水、地震总是准周期性地出现。因此，泥石流的发生和发展也具有一定的周期性，且其活动周期与暴雨、洪水、地震的活动周期大体相一致。当暴雨、洪水两者的活动周期相叠加时，常常形成泥石流活动的一个高潮。如云南省东川地区在 1966 年是近十几年的强震期，使东川泥石流的发展加剧，仅东川铁路在 1970—1981 年的 12 年中就发生泥石流灾害 250 余次。又如 1981 年，东川达德线泥石流、成昆铁路利子伊达泥石流及宝成铁路、宝天铁路泥石流都是在大周期暴雨的情况下发生的。

2.2.2 滑坡的活动特点

我国滑坡灾害不仅具有点多面广的特征，其发生频度也具有随着各地汛期降水量的年际变化和降水量的季节变化而变化的特点，即具有周期性、波动性和季节性。据中国地质环境公报数据统计，我国滑坡灾害活动频繁的时段主要集中在汛期，即每年的5—9月，并且有逐年集中高发的趋势。2001—2006年，汛期灾害发生数量占全年的比例依次为63.1%、83%、75%、72%、85.9%和92.1%。由图2.3看出，重庆的地质气象灾害发生的频数与降水状况的年际波动情况非常一致，2006年遭遇了百年不遇的大旱，强降水频次和汛期降水量都极少，因此，此年的地质气象灾害发生数量也是最少的，做到了此种灾害零伤亡。同时，由图2.4可以看出，重庆各月降水量与地质气象灾害发生数量也有非常好的对应关系，由此，降水量的季节变化决定了地质气象灾害的季节变化。

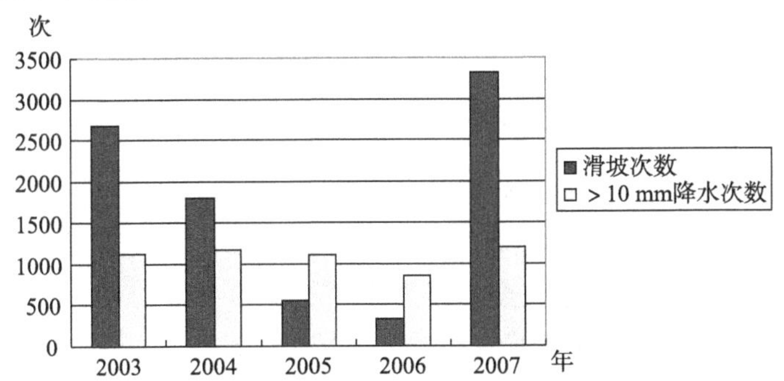

图2.3 重庆2003—2007年汛期强降水频次与地质气象灾害发生数量

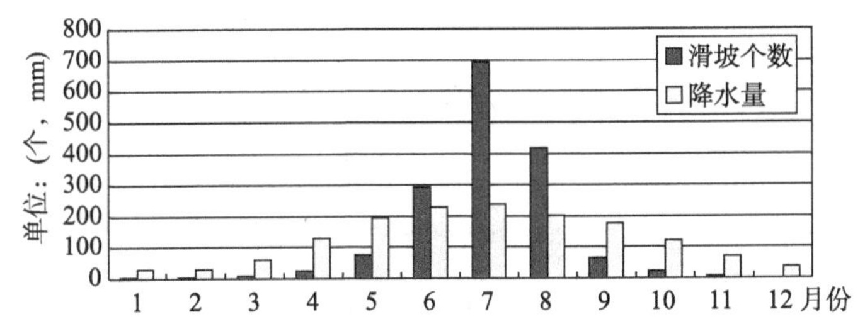

图2.4 重庆各月降水量与地质气象灾害发生数量

从滑坡发生的空间位置，可以看出滑坡的发生具有以下特点：

(1) 滑坡通常集中发生在某些特定的易滑岩层分布的地区。一般一个滑坡广布区域内，一定可以发现滑坡的发生与某些岩层密切相关，滑坡多分布于这些岩层的界线之内。这些岩层不仅本身容易发生滑坡，而且他们的风化碎屑产物也极易滑动，甚至覆盖在它们之上的外来堆积层也容易沿着这些基岩面或风化碎屑产物顶面而滑动。例如四川常见的易滑岩层有成都黏土、昔各达组半成岩岩层、泥岩及砂页岩岩层、煤系岩、板岩及千枚岩岩层等，都极易发生滑坡灾害。

（2）滑坡容易集中发育在构造活跃的区域。这些部位通常是大地质构造单元的交界地带或大的断裂带经过的区域，地震、断裂活动等发育，因此也常常是滑坡集中发生的地带。例如，四川西部的攀西地区处于我国南北向构造带控制的横断山区内，新构造运动活跃，地震活动强烈，坡体完整性差，河流切割迅速，成为我国滑坡最为发育的地区之一。

（3）群发性的滑坡通常沿交通干线、河流等能对地表产生切割作用的自然或人工地理要素集中分布。这是因为，经过交通干线施工人为切坡或经过河流自然淘蚀，都形成滑坡发生所必需的临空面条件，滑坡具备了下滑的相对势能，遇到强降水、地震等诱发因素时就可能沿河流、道路等发生灾害。

2.3 我国地质气象灾害的危害

近10年来，全国由于崩塌、滑坡、泥石流造成的人员死亡已近万人，平均每年达928人。全国有400多个市、县、区、镇受到崩塌、滑坡、泥石流的严重侵害，其中频受滑坡、崩塌侵扰的市、镇60余座，频受泥石流侵扰的市、镇50余座。较为严重的有重庆、攀枝花、兰州、东川、安宁河谷等。全国几条山区干线铁路如宝成线、成昆线、宝兰线都受到了崩塌、滑坡、泥石流的严重危害，给当地人民生命财产造成极大的损失，严重阻碍了当地经济和社会发展。仅西南地区，1949—1990年期间就发生重大滑坡、崩塌、泥石流1000余次，造成近万人的死亡，直接经济损失高达78.77亿元（丁俊等2004）。

2.3.1 地质气象灾害对城镇的危害

城镇是人口高度密集的地方，同时也是建筑物、大型设备设施相对集中的区域，因此，同样规模的地质气象灾害对于城市造成的危害要比农村地区严重得多。地质气象灾害对城镇的危害主要表现为造成人员伤亡和直接的经济损失。

从世界范围来看，不少山地国家有过城镇遭受地质气象灾害的例子。例如哈萨克斯坦的阿拉木图、亚美尼亚首都埃里温、塔吉克斯坦首都杜尚别、格鲁吉亚首都第比利斯、吉尔吉斯斯坦首都比什凯克、土库曼斯坦首都阿什哈巴德等城市都曾遭受过泥石流灾害的危害。秘鲁、哥伦比亚、委内瑞拉在20世纪70—90年代期间都曾发生过泥石流摧毁城镇，死亡人数在万人以上的大灾难。此外，像美国、瑞士、奥地利、意大利等国家也都有为数不少的城镇遭受泥石流、滑坡等地质灾害的危害。

在我国，据统计34个省、市、自治区、特别行政区中，有20个行政区内分布着受泥石流危害的城镇，占省级行政区划总数的58.82%。像兰州、西宁、太原、贵州、拉萨等省会城市和香港都曾遭受过泥石流的危害。受泥石流危害的城镇中仅县级及其以上政府驻地城镇就超过150个（谢洪等2006）。

地质气象灾害对城镇的危害主要表现在以下几个方面：

（1）冲毁设施，危害生命：一般的城镇建筑对于泥石流和大的滑坡的冲击力缺乏足够的抵御能力，灾害的结果往往是毁灭性的。四川省九寨沟县的关庙沟，1984年7月18日暴发泥石流，流速达9.2 m/s，泥石流体中大量夹杂2～10 m粒径的巨石，将沟下游一栋三层楼一侧完全摧毁，一建筑物厚达1 m的混凝土墙也被冲开，沟侧厚1 m的混凝土挡墙也被冲开了一个长14 m的缺口，导致25人死亡；山西省太原市城区西部，1996年8月4日遭受山洪泥石流灾害，冲毁房屋3455间、大小桥梁12座，城区的供气、供水、供电、通信等市政设施遭受严重破坏，死亡和失踪60人；甘肃省卓尼县城1987年5月23日遭受泥石流袭击，将为保护县城而修建的900 m排洪堤全部冲毁，冲毁房屋86间、围墙2200 m、自来水管650 m、公路600 m、高压线路7200 m，直接经济损失157万元，死亡2人，重伤1人。

（2）淤埋设施和居民：泥石流、滑坡在运动过程中携带了大量的泥沙、石块等固体物质，除了直接的冲击毁坏外还会对途经的城镇建筑阻塞、淤埋，造成危害。1982年8月6日甘肃省文县县城发生泥石流灾害，县水电局等单位被泥石流席卷而去，泥石流冲入城区导致城区1 km^2的区域变成一片泥石滩，泥深达2～3 m，许多居民来不及躲避，被泥石流掩埋，造成33人死亡，100多人受伤。另外，泥石流停止运动后，其搬运的大量泥沙石块等固体物质沉积，也会对城区的各种设施产生淤埋危害。据记载（李昭淑2002），陕西省平利县公元618年建设的城区多次遭受泥石流淤埋危害，1771年曾进行大规模重修，但此后泥沙淤积仍不断增高，1802年被迫重新选址建设新城。

（3）阻塞河道，危害城镇：大规模的泥石流、滑坡发生时，经常会在河道中形成临时性的拦河坝，使河流受阻形成堰塞湖，使下游城镇面临溃坝后被淹的威胁。2008 年 5 月 12 日四川汶川发生大地震，震后加上持续的降雨，导致大面积的泥石流、滑坡等地质灾害发生，泥石流、滑坡阻塞江河，先后形成了 30 多个堰塞湖，有 20 多个具有中高危险情。尤其是唐家山堰塞湖，水量最高的时候超过 2 亿 m^3，对下游 120 多万人的安全构成威胁，21 万人被迫撤离家园，被转移安置到临时住所，幸运的是及时开挖的泻流槽最终发挥了作用，没有形成溃坝，危险才最终解除。而在此之前，1786 年康定大地震、1933 年叠溪大地震，均发生了堰塞湖溃坝的惨剧，其造成的死亡人数都数倍于地震直接死亡人数。

城镇相对于其他区域具有人口密集，建筑物集中，工商业发达，社会经济高度集中，医院、学校、车站、水电、通信等公共基础设施齐全的特征。这些特点也导致了地质灾害的危害对象多，常出现人员伤亡大、经济损失严重的灾难，一次灾害造成数百至数千万元直接经济损失的地质灾害事件较为普遍。地质灾害的发生除了造成直接的人员伤亡和经济损失外，也严重制约了城镇经济和社会的可持续发展。容易发生地质灾害的城镇、工矿往往都是我国山区的政治、经济中心，因此，应该成为我国地质灾害防治的重点。在我国当前的经济发展条件和水平下，这符合我国的国情，同时也符合以人为本、人与自然和谐相处，建立和谐、安全、稳定的小康社会的要求。

2.3.2 地质气象灾害对交通运输的危害

地质气象灾害对我国交通运输造成了极大的影响，铁路、公路、内河航运均受其害。

铁路方面，全国铁路沿线分布有大型泥石流沟 1386 条，危险性较大的大中型滑坡 1000 多处，崩塌近万处。22 条铁路干线上有 9980 km 长的线路受到比较严重的危害或威胁。1949—1990 年，因崩塌、滑坡、泥石流灾害造成的较大行车事故 180 起，33 个火车站被淤埋 41 次，毁坏大型桥梁 27 座，隧道 6 个，平均每年中断行车 1100 小时，用于修复整治的工程费用约 1.5 亿元。如宝成铁路从 20 世纪 50 年代末至今，已出现了两次大规模崩塌、滑坡、泥石流暴发，给铁路部门造成严重的经济损失，其中仅 1981 年用于宝成线修复铁路的资金就达 3 亿元以上，由于停运给川陕两省乃致全国所造成的经济损失更是无法统计。1992 年 5—6 月间宝成线桑树梁处又连续发生大规模滑坡、崩塌，累计中断行车 28 天，直接经济损失达数千万元。受害最严重的线路主要有宝成线、陇海线宝天段、成昆线、川黔线、湘黔线、东川线及鹰厦线等。

公路方面，几乎所有的山区公路都不同程度地受到崩塌、滑坡、泥石流灾害的破坏。如川藏公路沿线分布有泥石流沟 1000 多条，滑坡四五百处，受害路段总长 3176 km。甘川公路 394 km 处对岸的石门沟，1978 年 7 月暴发泥石流，堵塞白龙江，公路因此被淹 1 km，白龙江改道使长约 2 km 的路基变成了主河道，公路、护岸及渡槽全部被毁。该段线路自 1962 年以来，由于受对岸泥石流的影响已 3 次被迫改线。此外川滇、川陕、甘川、昆洛、成兰、滇黔等公路崩塌、滑坡、泥石流灾害也十分严重。

航运方面，大江大河两岸是崩塌、滑坡、泥石流灾害多发的区域，对内河航运造成严重威胁。如长江中上游的重庆至宜宾之间的 690 km 河段，发育有滑坡、崩塌和危岩体 283 处，总体积约 15×10^8 m^3。金沙江下游的攀枝花至宜宾段，发育有崩塌、滑坡、泥石流近千处，平均密度 1.2 处/km。几十年来，长江中上游两岸多次发生特大规模的崩塌、滑坡，给长江航运造成严重威胁。如 1985 年 6 月 12 日发生新滩滑坡，造成了堵江停航 12 天。

此外，崩塌、滑坡体落入江河之中可形成巨大涌浪，击毁对岸建筑设施和农田、道路，掀翻或击沉水中船只，造成人身伤亡和经济损失；落入水中的土石有时形成急流险滩，威胁过往船只，影响或中断航运；落入水库中的崩塌、滑坡体可产生巨大涌浪，有时涌浪翻越大坝冲向下游形成水害。如 1961 年 3 月 6 日湖南省柘溪水库库岸发生一起重大的滑坡引起的库水翻坝事故灾害，造成了巨大损失，死亡 40 余人。

2.3.3 地质气象灾害对农业的危害

新中国成立以来，全国至少有 355 个县的数千个乡村受到了地质气象灾害的严重危害，不仅使农民的生命财产受到了较大损失，而且破坏了大量耕地，仅据有统计数字的灾害点的统计，到 1992 年全国有 9 万 hm^2 的耕地被破坏，而实际上被破坏的耕地面积要远大于此。

地质气象灾害对农业的危害主要表现在淤埋农田和侵蚀耕地。山区的耕地多数位于沟谷出口处形成的冲积扇上，而这些区域也往往是地质灾害多发的区域。携带大量泥沙、石块的泥石流可以在瞬间覆盖已有耕地和良田。1983 年四川喜德后山一场暴雨引发了 27 条泥石流沟同时发生活动，淤埋了上千亩农田；1972 年四川冕宁汉罗沟泥石流，上百亩的农田被淤。泥石流具有强大的冲毁能力，一场大中型黏性泥石流暴发时，所运行的路径上的一切设施、道路、农田都被一扫而光，形成一片类似于石海的贫瘠景象，使农田无法耕种。

2.3.4 地质气象灾害对环境的影响

2.3.4.1 地质气象灾害活动对气候、水文环境的影响

地质气象灾害活动会使山地环境退化、森林植被破坏，由此而引起一系列其他灾害的出现，包括：

(1) 造成干旱和洪水增多，枯水量小。由于灾害发生地区失去调节气候、涵养水源、调节洪水和保持水土的能力，一方面导致灾害发生地区气温变化加剧，风力增大，降水减少，产生干旱灾害；另一方面一遇暴雨，易于形成强大暴雨径流，造成洪水灾害，而且地表水多流失，大大减少对地下水的补给，从而影响到枯水季节对河流的补给，使河流枯竭。

(2) 加速土地退化。由于泥石流地区失去耕地，沙石满布，地表荒芜，甚至造成风沙灾害，致使土地退化。

(3) 环境污染加重。由于灾害发生地区地表缺乏森林植被而失去净化大气的能力，致使二氧化碳等有害气体不断积累，尘埃增高，加重环境污染。

(4) 恶化水体环境。一些靠近大面积水体的泥石流活动，可能搬运大量有毒、有害的砷、汞、硫、铅、锌矿物以及油污、垃圾，恶化环境、水质，危害生物和人类生存。

(5) 阻塞河道，迫使河流改道或形成堰塞湖。大型的滑坡或泥石流往往携带巨量的固体物质，如果直接倾泻到河道中，轻则使主河道发生改变，重则直接阻塞河流，形成堰塞湖，并有可能进一步溃决，继而演变成洪水或泥石流倾泻而下，造成更为严重的灾害和环境问题。

2.3.4.2 地质气象灾害活动对山地环境的影响

滑坡、泥石流会对物质进行搬运，从而不断重塑山区地貌环境。尤其是泥石流，会对孕育其发生发展的沟谷进行强烈的侵蚀，特别是中上游段，一次大型泥石流活动，可使沟谷下切3～5 m，有的可达10 m以上（如古乡沟泥石流），能把数十万立方米乃至数百万立方米固体物质冲出山谷，输送到堆积区和主河。严重的泥石流活动区，土壤年侵蚀模数可达（2～3）$\times 10^5$ m^3/km^2以上。由于泥石流强大的侵蚀作用，破坏沟源和两岸山体的稳定性，重力作用不断加剧，滑坡、崩塌不断发生，泥石流活动进一步发展，山地不断被蚕食和肢解而支离破碎，沟谷纵横，滑坡成片，使昔日森林密布、林木葱葱的青山绿水，演变成为童山秃岭、恶水横流的荒芜景象。

2.3.4.3 地质气象灾害对河谷环境的影响

泥石流是一种饱含泥沙石块的特殊洪流，具有固体物质含量高、大块石

多、冲击破坏力强等特点。泥石流暴发冲出山口进入宽缓的大河谷地，大量泥石流物质停积而形成堆积扇，特别是那些暴发频率高，一次冲出固体物质达百万立方米的特大泥石流，倾刻之间使河谷地形巨变，形成沙滩石海。在泥石流沟分布密集的河谷，形成众多堆积扇，相互连接，成为一片沙石荒滩，淤埋良田和村庄。我国著名的小江流域就是泥石流灾害塑造的典型，这里河床淤积严重，并且还在逐年淤积抬升，成为沙滩密布、乱石累累、河床宽浅、主流摆动不定的游荡性河流。一次大型或特大型黏性泥石流，以整体方式搬运固体物质进入大河，一举形成天然堆石坝，堵塞河道、壅水成湖，随着水位升高，水流漫顶过坝，往往导致坝体溃决，形成特大溃决洪流，强烈冲蚀河谷，所经之处一切荡然无存，迅猛地改变河床河谷形态，严重地影响水资源、土地资源开发利用和环境保护。西藏东南部冰川泥石流、金沙江暴雨泥石流对河谷环境影响都是典型事例。

2.3.5 地质气象灾害对生态系统的影响

一般而言，对生态系统有重要影响的因子可以分为两大类，即地上因子和地下因子。地上因子中最重要的是气候要素，如阳光、温度、降水等决定了不同的生物种类及其不同的生理习性，随意地表首先表现为由气候带决定的生态系统的分区和分类。但是在一定的气候带（区）内，引起生态系统分异的是地下因子，包括岩性、岩相、地球化学、地质构造、地形地貌、地下水等。地下因子通过岩土演化过程复杂而又相互联系地影响着生态系统。风化岩体是地质背景因子的首要表现，土壤即是岩土演化的产物，生态系统的物质、能量都可上溯到岩石一土壤演化过程，它为生态系统的存在、发展提供了各种可利用的物质，并伴随着能量和信息的传递和交换。岩石圈是土壤圈、水圈、大气圈和生物圈的载体，它对维持生态平衡起着决定性的作用。而滑坡、崩塌、泥石流等地表的不稳定现象破坏了岩石圈滋生的平衡、稳定状态，必然导致岩石圈所维系的生态系统的失衡和破坏。

目前，越来越多的人认识到了地质气象灾害对生态系统的巨大影响，例如很多崩塌、滑坡、泥石流等地质灾害频繁发生地区，往往是构造活动强烈、山高坡陡的山区，这些地区土层本身就比较薄，生态系统一旦遭受崩塌、滑坡、泥石流破坏之后，要恢复往往十分困难，甚至无法恢复。

第3章 地质气象灾害的形成和运动特征

3.1 泥石流的形成

3.1.1 泥石流形成的基本条件

一般认为泥石流发生需要三个基本条件：能量条件（地形条件）、物质条件和触发条件。

3.1.1.1 能量条件

泥石流发生的能量条件主要通过区域地形条件得以体现，是泥石流能否形成的重要因素之一。它是上游和山坡坡面松散固体物质所具有势能的体现，是物质能否启动的先决条件。泥石流的形成区在地形上具备山高沟深，地形陡峻，沟床纵坡降大，流域形状便于水流汇集。在地貌上，泥石流的地貌一般可分为形成区、流通区和堆积区三部分。上游形成区的地形多为三面环山、一面出口的瓢状或漏斗状，地形比较开阔，周围山高坡陡、山体破碎、植被生长不良，这样的地形有利于水和碎屑物质的集中；中游流通区的地形多为狭窄陡深的峡谷，谷床纵坡降大，使泥石流能迅猛直泻；下游堆积区的地形为开阔平坦的山前平原或河谷阶地，使堆积物有堆积场所。

3.1.1.2 物质条件

物质条件是指泥石流发生所必需的松散碎屑物质、水分的储量和来源情况。其中松散固体碎屑物质受很多因素的影响，其中比较重要的包括地层条件、新构造活动条件、土壤条件、植被条件等。泥石流常发生于地质构造复杂、断裂褶皱发育、新构造活动强烈、地震烈度较高的地区。地表岩石破碎，崩塌、错落、滑坡等不良地质现象发育，为泥石流的形成提供了丰富的固体物质来源；另外，岩层结构松散、软弱、易于风化、节理发育或软硬相间成层的地区，因易受破坏，也能为泥石流提供丰富的碎屑物来源；一些人类工程活动，如滥伐森林造成水土流失，开山采矿、采石弃渣等，往往也为泥石流提供大量的物质来源。

泥石流的形成必须同时具备以下 3 个条件：陡峻的便于集水、集物的地形、地貌；有丰富的松散物质；短时间内有大量的水源。

3.1.1.3 触发条件

水流激发是我国泥石流灾害中最常见的触发因素。由绵雨、中到大雨、暴雨，冰雪雨水、融水，江河湖库溃决等水流持续作用，使基本条件中的某一条件超过稳定情况下的强度，激发泥石流。即水体数量、能量突然增加，强烈冲刷，推动堆积物运动；外力触发，如由强烈爆破、崩塌、滑坡、火山、Ⅶ度以上地震等基本条件以外的其他动力作用，促使泥石流体启动，或使水饱和土体发生液化流动；环境诱发，如由森林破坏，厂矿废渣、建筑弃土堆增高、坡度变陡，地下水涌流等间接因素造成。

3.1.2 泥石流形成的影响因素和诱发因子

3.1.2.1 泥石流形成的地貌影响因素

沟床比降是流体由势能转换为动能的底床条件，是影响泥石流形成的重要因素。一般来说泥石流沟床比降愈大，则愈有利于泥石流的发生。根据对西藏 150 多条泥石流沟的统计，沟床比降在 50‰～300‰的占总数的 90.7%，尤以 100‰～300‰沟床比降居多，占 54.7%，说明这种沟床比降对泥石流的形成最为有利。

沟坡坡度的陡缓直接影响到泥石流的规模和固体物质的补给方式与数量。从多数泥石流沟谷坡度来看，有利于提供泥石流固体物质的沟坡坡度在东部中低山区为 10°～30°，固体物质补给方式主要是滑坡；在西部边缘高山区则为 30°～70°，固体物质补给方式大多数是崩塌、滑坡和碎屑流。沟坡坡度较大的沟谷内，崩塌、滑坡规模比较大，形成的泥石流规模也较大。

集水区面积也是影响泥石流形成的重要因素。一般泥石流大多形成于集水区面积较小的沟谷。根据对甘肃、西藏 200 多条泥石流沟流域面积的统计，小于 50 km^2 的占 95.9%，小于 10 km^2 的占 73.5%。小于 0.5. km^2 的占 11.9%，因此，暴雨泥石流的集水区面积大多为 0.6～10 km^2。

一般说来漏斗状和勺状为典型的泥石流沟谷形态，这种形态对泥石流的形成和活动均较有利。例如西藏的古乡沟、云南蒋家沟、四川西农河等都是漏斗状，云南的大白泥沟则属于勺状。

地形坡向对泥石流形成、分布和活动也具有显著的影响。坡向的不同会影响冰雪累积消融和降水量的多少，以及植被生长、岩石风化程度等。在阴坡地带冰雪冷储条件好，雪线比阳坡低，现代冰川比阳坡发育，长度大，下达海拔低，冰川相对稳定，因此，泥石流形成的固体物质和水源条件比较差。阳坡则与之相反，相应的阳坡地带的降雨型和冰川（雪）消融型泥石流发育。

3.1.2.2　泥石流形成的地质影响因素

地质构造是形成泥石流的基底条件。自渐新世以来，印度板块向北漂移并与欧亚板块碰撞，使大部分的山地和高原强烈上升，产生了一系列大规模的断裂构造带。在这一过程中印度板块和欧亚板块两侧的盖层都发生了深度变质，并在强烈的挤压下结构破坏，岩层破碎，地震活动频繁而强烈。形成断裂构造带中，新构造运动强烈的新生代断裂带，由于岩层几经错动，挤压后形成角砾岩、糜棱岩、碎裂岩等易于风化的固体物质，为泥石流的发育提供了必要的松散固体物质，这对于泥石流的形成和活动具有重要的影响和作用。像我国的安宁和断裂带、绿汁江断裂带、小江断裂带、波密—易贡断裂带以及白龙江断裂带，都是我国泥石流集中发育的地带，其泥石流的数量、规模、活动强度、灾害程度等方面都极为突出。

在地质构造的控制下，一个地区的岩石性质对泥石流的发育形成也有重要影响。由于风化速度的不均一性，软弱岩层和软硬相间的岩层要比岩性均一的或坚硬的岩层更易受到风化破坏作用，从而为泥石流的产生提供松散固体物质。

地震同样对于泥石流的产生具有重要影响作用。岩层在烈度较大的地震作用下，降低了其强度而变得疏松，使山体处于不稳定状态，因此，很多山区的地震带大多数是泥石流活动带。而在我国，喜马拉雅山系是全球最强烈的地震带之一，强震带造成山崩滑坡入沟，为泥石流形成提供了大量固体物质。地震强度越大破坏作用越强，提供的固体松散物质也就越多，所形成的泥石流的规模也就越大。典型的 1973 年四川炉霍 7.9 级地震和 1976 年四川平武 7.2 级地震发生之后的相当长一段时间内，众多的泥石流接连密集发生。

此外，一些不良地质作用，如崩塌、滑坡、塌方、岩屑流、倒石堆、流沙、滚石等都与泥石流的形成有密切的关系，它们往往是提供泥石流形成固体物质的最直接来源。

3.1.2.3　泥石流形成的水分影响因素

我国处于基本气候区，雨量充沛而且往往比较集中形成暴雨和大暴雨，这是我国绝大多数泥石流发生的主要触发因素。从行政区上看，我国降雨型泥石流遍及全国20多个行政区，每到汛期伴随着强降水天气的出现，这些区域都会有大大小小的泥石流发生。像我国的云南、四川、西藏、甘肃、陕西、青海、新疆、北京、河北、辽宁、江西、湖北、湖南、广东、河南、台湾等都是降雨型泥石流的多发地区。

对于降雨型泥石流来说，降水是泥石流发生的必要条件，其在泥石流发生过程中起着决定性的作用。正因为如此，长期以来研究人员在不断寻找降水与泥石流发生之间的关系，考虑的角度可以归纳为以下几种：

（1）前期降水

前期降水量包括参与或影响泥石流形成的前期有效降水量和通过地表径流、蒸发、地下径流等形式损失的前期损失降水量。泥石流预测预报中之所以要考虑前期降水，主要是基于：泥石流的启动除了与激发雨量的大小密切相关外，还与当时条件下土体的含水状态有非常重要的关系。Iverson等（2003）通过试验证明，土体中的高孔隙水压作用会导致土体完全或部分液化，从而为泥石流启动创造条件。崔鹏等（1983）通过大量水槽试验，提出了准泥石流体的概念，并认为准泥石流体的启动实质上就是从固体堆积物向液体流动状态的转化过程，而土体中的水分在这一过程中起决定作用。崔鹏等（2003）针对云南蒋家沟泥石流的研究表明，前期降雨在影响泥石流的各项降雨指标中的贡献率超过了80%。基于此，在进行泥石流预测预报时土体中的含水量是必须考虑的，然而土体含水量是一个地域差异异常复杂的指标，在实际运用、尤其是短时临近预报时，是很难及时获取到的。为了解决这一问题，在实际应用中多采用土体在过去一段时间内接受到的降水量，再考虑相应的衰减来间接地反映土壤的含水量。对于前期降雨的累计时长，不同的研究人员有不同的观点。韦方强等（2005）针对降水与土壤含水量的问题还在云南东川蒋家沟泥石流源地土体上开展了观测实验研究，并给出了二者之间的统计关系，为利用前期降水量间接反映土壤含水量提供了依据。在泥石流预报中前期降水量主要通过对降水的监测数据的分析获取。

（2）当次降水

当次降水包括从降水开始到激发泥石流形成的当次有效降水量和泥石流形成后的剩余降水量（韦方强等2005）。本质上，当次降水在泥石流中所起的作用与前期雨量一样，之所以这里单列为一个指标，是因为在泥石流预测预报中这部分降水往往不能从观测数据中获取到，通常一旦观测到这部分降水，也就意味着泥石流灾害可能已经发生，因此在泥石流预测预报中，这部分降水往往通过降水预报来获取。

（3）降水强度

降水强度是国内外众多泥石流预测预报研究文献中经常使用的降水指标。它的作用是在前期雨量使土体物质达到或接近饱和状态下增大孔隙水压力，进一步引起土体内部结构破坏、强度降低的变化，导致泥石流启动。但是不同研究者根据不同研究区自然地理条件和泥石流活动特点，所采用的具体降水强度指标也不尽相同，如云南东川蒋家沟模型中使用了 10 min 雨强；成昆铁路甘洛试验区模型使用了 10 min、1 h 和 24 h 雨强（谭炳炎，段爱英 1995）；程尊兰等（1998）在研究金沙江支流雅砻江下游金龙沟的泥石流时，也使用了 10 min、1 h 和 24 h 的雨强指标；国外大量的关于泥石流启动阈值（threshold）的研究中"降雨强度-持续时间"是最常用到的研究方法（Wieczorek 1987；Larsen 和 Simon 1993；Caine 1980）。因此，降雨强度指标是泥石流预测预报中非常重要的指标之一。此外，国内研究中较少提及降水历时，多强调降水总量和最大降水强度。而国外研究中，尤其是关于泥石流启动临界雨量的研究中，降水历时是经常用到的指标，并常常与降水强度组合使用，来量度泥石流的发生（Wieczork 1987；Wilson et al 1992；Wilson et al 1993）。

冰雪融水是除降水之外对泥石流产生影响的重要水分因素，它是我国青藏高原及其周边很多泥石流形成的直接水源条件。例如，分布在我国念青唐古拉山和横断山的冰川，主要在海洋性气候条件下发育，活动性强，年积累和消融量大。冰川经常深入森林带，逼近村庄、耕地和公路，产生泥石流。

（4）泥石流形成人为影响因素

不合理的森林采伐方式是我国过去很长一段时间来很多泥石流快速形成和发育的重要影响因素。一般山坡上的森林具有水源涵养和固土保水的作用。经验表明，森林生态系统破坏乃至毁灭导致灾害，都是由于不合理的采伐方式和采伐量造成的。如川西林业局伐区，于 1978 年在 45°以上坡地禁伐区实行皆伐，1979 年雨季就暴发了泥石流。再如安南县后山，曾因乱伐森林植被破坏了森林生态系统，促使泥石流活跃，每到雨季泥石流危害县城，造成交通中断、农田淤埋和人员财产损失。我国 1950—1970 年期间，很多森林采伐区使用串坡和敞洪集材，加深了沟床侵蚀，促进了泥石流的形成，像四川理县的米亚罗和马尔康采伐区很多泥石流都是这种原因造成的。

在我国山区，毁林开荒、刀耕火种、陡坡垦植等落后的农业生产方式也对泥石流的形成产生了影响。例如四川的攀西地区，过去曾靠毁林开荒、陡坡垦植来解决人口增长带来的粮食问题，再加上传统的刀耕火种耕作方式，破坏了山地植被，加上修渠筑路期间开山挖石、弃渣不当、无防渗措施等，造成了大量的水土流失、崩塌、滑坡，为泥石流的发生创造了有利条件。每到雨季，就会形成泥石流灾害，对农田、村舍造成了严重危害。

不合理的矿山弃渣是造成很多矿山泥石流发生的主要影响因素。我国云南、四川、江西、广东等很多省份都有因为弃渣处理不当造成的泥石流灾害事件发生。例如四川的冕宁县泸沽盐井矿因采矿弃渣于沟中，堵塞沟道，在暴雨激发下发生泥石流，曾造成百余人丧生，至今泥石流还很活跃，威胁成昆铁路安全。

此外，修筑公路和铁路也是影响泥石流形成的不可忽视的因素。例如，自成昆铁路通车以来，每年雨季都因泥石流灾害而不同程度中断交通。很多公路在修路养路时往往只顾开挖取土方便，忽视山坡的稳定，破坏公路的上下边坡体，造成山坡失稳，引起公路上下滑坡和崩塌，导致泥石流的发生。

3.1.3 泥石流的物质特征

泥石流体是由土石体、水体和气体组成的混合体。

从土体的机械组成角度来看，泥石流中的土体是由各种大小不同的固体颗粒所组成。这些土体通常是由石块、沙粒、粉粒和黏土所构成，最大的石块可超过 22 m，最小的胶粒不足 0.001 mm，前后相差 2.2×10^7 倍，这是一般的水流或高含沙水流所不具有的特征。泥石流体中，除了有河床相和河湖相砾石层提供的物质外，大部分是由坡积、残积和冰碛物所提供，因此石块的磨圆度很差，多为棱角状和次棱角状。一般而言，泥石流，尤其是黏性泥石流，其土体的机械组成与泥石流形成物的机械组成基本一致。但对于运移路程较长的稀性泥石流，则有可能因为沿途携带物质复杂而变得和形成物的机械组成有所差异。

根据泥石流体机械组成可以把泥石流分成四类：泥流、土沙流、土石流和砂石流。泥流的土体主要由沙粒、粉粒和黏粒构成，三者可占总土体量的98%以上，石块不足 2%，黏粒含量约占 12%～30%，泥流在黄土高原地区分布较广；土沙流中的土体主要是由沙粒和粉粒组成，二者的含量占总土体的 70%～95%，其中沙粒含量达 45%左右，它与泥流的主要区别是黏粒含量少，一般在 3%以下；土石流即通常所说的泥石流，主要由石块、沙粒、粉粒和黏粒所构成，粒径的变化幅度很大，各级土粒含量变幅也很大，黏粒的含量不少于 2.5%，一般在 5%～10%，石块的含量多在 30%～70%，变化于15%～80%之间；砂石流一般也称为水石流，主要由石块和沙粒组成，黏土含量很少，一般少于 1%，粉粒的含量也比较少，通常不足 5%，石块含量往往超过沙粒。

泥石流中的水体组成比较单纯，但赋存形式较为复杂，不同性质的泥石流体，其中的水的赋存形式及含量有很大差别。

（1）吸着水和薄膜水。泥石流中的黏性颗粒，在具有可溶盐的水体中，由于黏粒的吸附作用或其分子表面的离解作用，使黏粒表面带有某种离子，形成所谓的双电层，双电层由紧靠颗粒表面的致密吸附层以及与吸附层相连并逐渐向水体延伸的扩散层构成。薄膜水又可分为强结合水和弱结合水两部分，强结合水受黏粒的吸引力相当大，但它既可以从一个黏粒表面转移到另一黏粒表面，也可以从一个黏粒表面水膜厚的部位移向薄的部分。弱结合水位于薄膜水的外缘部分，受黏粒的引力较弱，可以与自由水发生转换，薄膜水比普通水的黏性大得多；

（2）自由水。即不受黏性颗粒束缚，可以自由移动的水体。自由水又可区分为禁闭自由水和重力自由水两种。禁闭自由水往往被束缚在二粒或多粒之间的孔隙中，即被“冻结”在黏性颗粒构成的网格结构中，一般的重力作用下不易发生运动；重力自由水则可不受任何束缚，在重力作用下自由运动。

不同性质的泥石流体中，水的赋存形式有所差别。稀性泥石流中，各种形式的水都有，并以重力自由水为主。黏性泥石流中，重力自由水很少，以禁闭自由水为主，当然还有薄膜水和吸着水。塑性泥石流中重力自由水基本消失，以禁闭自由水和薄膜水为主。

总体来看，泥石流的物质组成比较复杂，而在相关研究中，往往采取化繁为简的方法，忽略其中所占比重极小的物质成分。

3.2 山体滑坡的形成

3.2.1 山体滑坡形成的基本条件

山体滑坡是山区、丘陵地区常见的一种地质灾害，它的形成与地形地貌、地质环境、气候气象水文和人类活动等有着密切的关系。

3.2.1.1 滑坡发育的地形条件

从滑坡的定义中看出，斜坡是滑坡发育的基本条件、必要条件。不具备斜坡的平原、高原、盆地等是不会有滑坡发生的，除非人工堆积山坡，如2004年6月5日下午近2点时，重庆市万盛区万东镇新华村胡家沟社发生煤矸石山滑坡事件，造成14户人家24人被埋，滑坡规模达150 m宽，1000 m长，所经之处，有8幢房屋被毁。这里要论述的是较易发生山体滑坡的斜坡坡形和坡度。

（1）斜坡坡度条件

根据重庆市地质环境监测总站调查的1615个滑坡个例，按斜坡坡度平均分级进行统计得到滑坡体坡度与滑坡个数的关系（图3.1）。斜坡坡度在10°以下的滑坡几乎没有，仅有5例，占0.3%；发生在10°～19°的滑坡有184个，占11.4%；发生在20°～29°的滑坡有620个，占38.4%；发生在30°～39°的滑坡有617个，占38.2%；发生在40°以上的滑坡有189个，占11.7%。其中，斜坡坡度在20°～39°的滑坡占了全部滑坡的76.6%。因此可以得出20°～39°的斜坡为滑坡最易滑坡坡度。

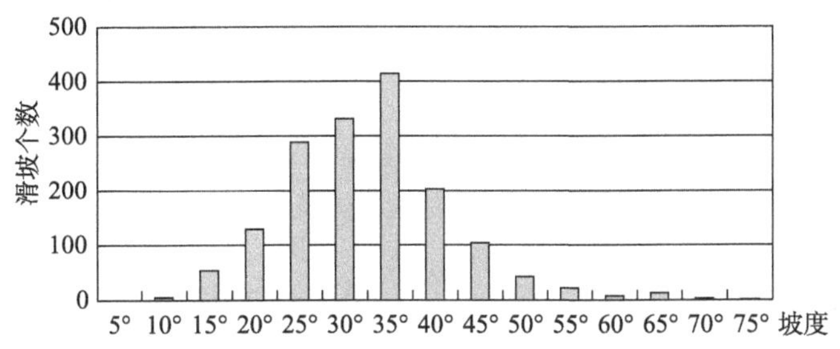

图3.1　地形坡度与滑坡个数

根据前面所述的滑坡的斜坡坡度特征，可将滑坡危险性分为三级：

①滑坡少发地形，斜坡坡度＜10°。此种坡度的斜坡一般不会产生滑坡（0.3%），但在特殊情况下也可发生。如斜坡为松散的黏性土，在绵雨、久雨的作用下，土壤中的孔隙已被水充满，使可能滑动的滑移面的内摩擦角降低到10°，此时这个斜坡就有可能发生滑坡，不过滑动的速度很慢，规模也小。

②滑坡多发地形，斜坡坡度10°～19°。据前面的统计分析，斜坡坡度在10°以下就有少量的滑坡发生，到15°～19°就有明显增多，到20°左右是个突破点，滑坡急剧增多，分析原因是受不连续结构面上的强度控制。据中生代岩层层面上的强度实验和坡崩积碎石土天然状态的强度试验，剪切面上的内摩擦角大多在18°～20°之间。因此，在20°以下的斜坡上有滑坡发生，但不是很多。

③滑坡极易发生地形，斜坡坡度20°～39°。经野外实地测绘，自然界斜坡的平均坡度大多在40°以下。我们统计中发现，20°～39°的斜坡为滑坡分布的密集区域（图3.1），而40°以上的斜坡，滑坡分布逐渐减少。40°以上的斜坡是否还属于极易发生的地形呢？回答是肯定的。只是坡度越大，发生滑坡的可能性在减少，而发生崩塌的可能性在增加。

（2）斜坡坡形条件

自然界的斜坡形态多种多样，可以分成横向斜坡形态和纵向斜坡形态。

横向斜坡形态，斜坡横向上（顺沟延伸方向）有“凸”型坡、“凹”型坡和顺直坡之分（图 3.2（a））。其中“凸”型坡较陡峭，利于崩塌、大型滑坡的发育，若是单薄的山嘴，则利于崩塌的发生而不利于大型滑坡的发育；“凹”型坡大多是古滑坡体的残留后壁或老滑坡体后壁，利于地表水（地下水）汇集，诱发碎石滑坡或老滑坡体复活；顺直坡一般说来较稳定。

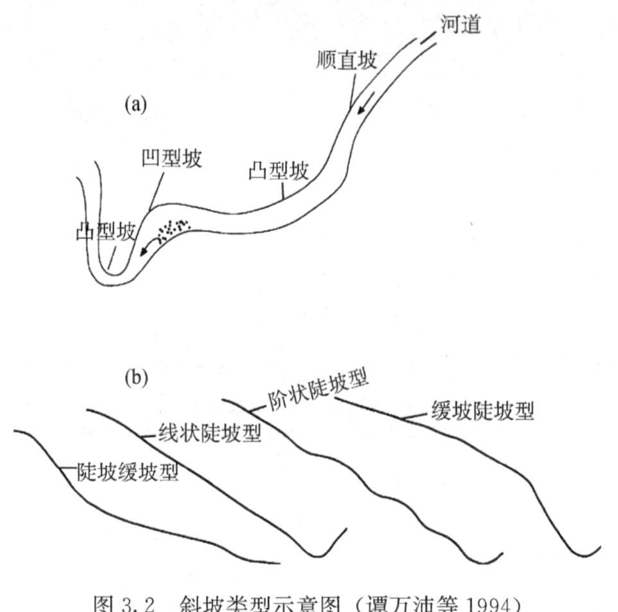

图 3.2　斜坡类型示意图（谭万沛等 1994）
（a）横向斜坡，（b）纵向斜坡

纵向斜坡形态，斜坡纵向上（垂直于沟河延伸方向）可分为陡坡缓坡型、线状陡坡型、阶状陡坡型和缓坡陡坡型四种形态（图 3.2（b））。其中阶状陡坡型和缓坡陡坡型两种坡型利于大中型滑坡的发育，缓坡陡坡型还利于崩塌的发生。金沙江窄谷段和雅砻江的岸坡形态属于缓坡陡坡型，许多冲沟源头沟掌地形也属于缓坡陡坡型，由于强烈的沟头溯源侵蚀作用，使沟掌地形极易产生滑坡。

陡坡缓坡型是河流宽谷段典型的斜坡形态，表明全新世以来此河谷以堆积为主，一般不会有大量的崩塌、滑坡发生。线状陡坡型一般不会发生大型滑坡和崩塌，小型残积、坡崩积碎石土滑坡则到处可见（俗称山剥皮）。

将横向“凸”型坡与纵向缓坡陡坡型组合起来，则是大型滑坡发生的最佳坡型。

3.2.1.2　滑坡的形成与地层岩性的关系

所谓岩性是指岩体结构、组成、物理性、化学性、水理性、力学性以及抗风化性能等与建筑工程性能的关系。习惯上将它们划分成土质类、半岩质类和岩质类3大类；按工程性能的好坏，又将岩质类划分成软岩类、半坚硬岩类和坚硬岩类。再根据岩性与滑坡发生难易程度的关系，将土质岩类和半岩质类并入软岩类，称极易滑地层，半坚硬岩类为易滑地层，坚硬岩类为偶滑地层。

斜坡的地层岩性，是发生滑坡的物质基础。有的斜坡由坚硬的岩石组成，有的斜坡由软弱岩石组成，有的斜坡则由土体组成。由于地层的岩性不同，它们的抗剪强度各不相同，发生滑坡的难易程度也就不同。通常，人们根据土石在剪切力作用下的破坏变形特征，将它们分为脆性和塑性两种类型。石灰岩、花岗岩和石英岩等致密坚硬的块状岩石，都是脆性的，抗剪强度很大，能经受很大的剪切力而不变形，完全由这些岩石组成的斜坡高陡而稳定，很少发生滑坡。相反，页岩、泥岩和其他各种地表覆盖层，如黏土、碎石土多是塑性的，这些土石体的抗剪强度比较低，很容易变形和发生滑坡。实践证明，在我国，凡是下述地层分布的地区，都是容易发生滑坡的地区：黏性土、黄土、类黄土和各种成因的松散、松软沉积物（崩积、坡积、洪积和人工堆积等）；砂岩、页岩和泥岩的互层地层；煤系地层；灰岩、页岩或泥灰岩的互层地层；泥质岩石的变质岩如板岩、千枚岩、云母片岩、绿泥石片岩、滑石片岩等地层；软质或易风化的火成岩如凝灰岩等。所有这些地层，岩性都比较软弱，在构造作用、水、风化作用及其他外力作用影响下，都很容易形成土状或泥状的软弱层，成为潜在的滑动面或滑动带，具备了产生滑坡的基本条件。在实际工作中，人们常常把这些容易发生滑坡的地层，称为易滑地层（表3.1）。

表3.1 重庆山体滑坡与地层岩性的关系

岩性	软岩类	半坚硬岩类	坚硬岩类	合计
项目	各类黏土、碎块石、炭质页岩等	砂岩、页岩、泥岩、泥岩互层、砂泥岩互层	厚层砂岩、灰岩、花岗岩类等	
滑坡数	1911	97	31	2039
百分比	93.7%	4.8%	1.5%	100%

3.2.1.3 滑坡的形成与地质环境的关系

一个地区的地质构造环境，对滑坡的形成有多方面的影响：一是断裂破碎带为滑坡提供了物质来源；二是各种地质构造结构面，如层面、断层面、节理面、片理面和地层的不整合面等，控制了滑动面的空间位置和滑坡的周界；三是控制了山体斜坡地下水的分布和运动规律，如含水层的数目、地下水的补给和排泄等，都由地质构造条件所决定；四是斜坡的内部结构，包括不同土石层的相互组合情况，岩石中断层、裂隙的特征及其与斜坡方位的相互关系等，与滑坡发生的难易程度有密切的关系。岩层层面的倾向对滑坡的发育有重要影响，当岩层的倾向和斜坡的坡面倾斜一致时，最容易形成滑坡；岩层的倾向与斜坡的坡面倾向相反时，则决定于其他裂隙面的发育程度，一般不容易产生滑坡。当斜坡是由各种不同性质的土石共同组成时，斜坡部分抗剪强度会因土石性质不同而异，如果抗剪强度低的软弱岩石位于坎脚部位，软岩就可能因受压而被“挤皱”甚至挤出产生滑动。岩石的层面、断层面和裂隙等，都是斜坡内部的软弱面，当软弱面的倾向和斜坡坡面倾向相同，而且斜坡的坡角大于软弱面的倾角时，就有可能产生滑坡。如果在这种情况下从事人工开挖，使软弱面在坡脚或坡上出露，上部的岩体常会产生突然的滑动而造成很大的危害。另外，斜坡的土石性质和内部结构，也决定了斜坡的外形，改变坡外形（如变陡）必然引起边坡稳定性的变化；一定强度的土石有一个极限的边坡比（边坡高度与水平长度之比），超过这一极限的边坡比，斜坡就不稳定，小于这个比值，斜坡就稳定，因此，当开挖边坡时边坡比值设计过大，那就无异于为产生滑坡和崩塌创造条件。

3.2.1.4 滑坡的形成与地表水体、水文地质和气候条件的关系

江河湖泊等地表水体的水位变化、地下水活动及强降水多发的气候条件，在滑坡形成过程中起着重要的作用，主要表现在：水软化岩土体，降低岩土体强度，产生动水压力和孔隙水压力，潜蚀岩土体，增大岩土容重，对透水

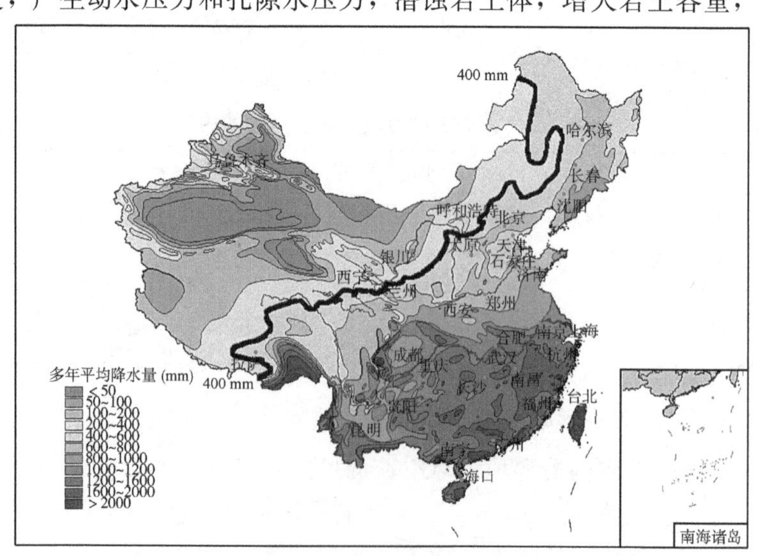

图 3.3　我国年降水量分布图

岩石产生浮托力等。尤其是对滑面（带）的软化作用和强度降低作用最突出。对比图 2.2 和图 3.3 可以看出，我国山体滑坡多发地带分布在年降水量大于 400 mm（图 3.3 中粗黑线为 400 mm 分界线）的区域。

3.2.2 山体滑坡形成的影响因素和诱发因子

山体滑坡的形成除了与地形地貌、地质环境、地层岩性等内在因素有关外，还与当地的自然环境和人类经济活动有关。

3.2.2.1 自然因素

昼夜的温差，季节的温度变化，促使岩石风化，降低其抗剪强度；夏季炎热干燥，使黏土层龟裂，遇暴雨水沿裂缝渗入，斜坡土体湿化，重量增大，黏聚力低，均能导致滑坡的产生。

降雨、融雪和地下水位：降雨和融雪的渗透水作用，是产生滑坡的最主要外因。据统计，重庆 90%以上的山体滑坡都是由较强降水诱发的（图 3.4）。降水的作用一是渗透水进入土体孔隙或岩石裂缝，使土石的抗剪强度降低；二是渗透水补给地下水，使地下水位或地下水压增加，对岩土体产生浮托作用，土体软化、饱和，结果也造成抗剪强度的降低。所以，降雨和融雪一般对滑坡可起到诱发或促进作用。

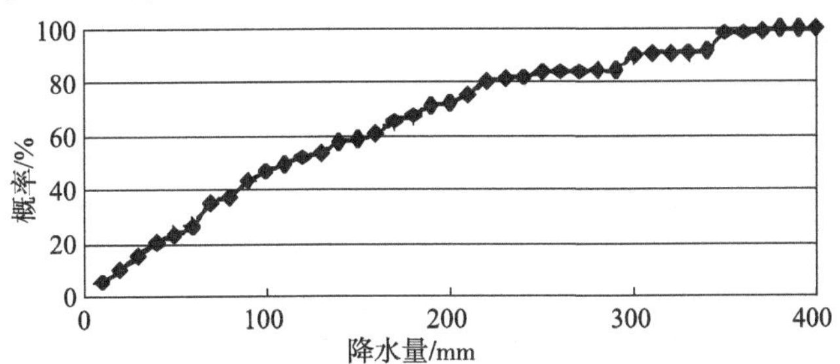

图 3.4 重庆山体滑坡与 10 天累计降水量的关系

地表水的冲刷、淘蚀、溶解和软化裂隙充填物；地表水下渗，使土体达塑性；当水渗入不透水层上时，接触面润湿，减少摩擦力和黏聚力，促使滑坡产生。

地下水的动水压力、静水压力是崩塌、滑坡的动力破坏因素。地下水量的增加使岩土体含水量增大，地下水位的增高使岩土重量增大，浸湿范围扩大，地下水流速的加大促使土体潜蚀作用，均促使滑坡产生。

水库、河道水流冲刷、潜蚀、淘蚀坡脚削弱斜坡的支撑部分，河水涨落引起地下水位的升降，均能引起滑坡的失稳破坏。

地震是诱发滑坡的重要因素之一。地震诱发滑坡，首先是使斜坡土石结构破坏，在地震力的反复震动冲击之下，沿原有软弱面或新产生的软弱面产生滑动。由于地震产生裂缝和断崖，助长了以后降雨和融雪的渗透，因此地震以后常因降雨、融雪而发生滑坡或山崩，这种情况比地震发生时所触发的滑坡或山崩还要多。一般说来，在雨季或暴雨、融雪时发生的地震，同发型（与地震同时发生）滑坡较多；旱季斜坡干燥，稳定性较高，同发型滑坡较少，后发型（在地震以后很长时间才发生）滑坡较多。1976 年 5 月 29 日云南龙陵地震时同发型滑坡很少，震后雨季时发生的后发型滑坡占与地震有关的滑坡总数的 95%以上。在诱发山体滑坡的多种因素中，降雨诱发在世界上分布最广、发生频率最高、造成危害最大。

3.2.2.2 人为因素

采掘矿产资源：采矿不按规范执行，预留矿柱少，乱采滥挖，造成采空区坍塌，导致山体开裂，继而发生崩塌、滑坡。

开挖边坡：修建铁路、公路，依山建房建厂等工程，开挖边坡使斜坡下部失去支撑部分，形成人工陡边坡，造成崩塌、滑坡的发生。

水库蓄、泄水与渠道渗漏：水库蓄水，浸润和软化岩土体，加大岩土体中的静水压力、动水压力；水库泄水，水位急剧下降，加大了坡体的动水压力；渠道渗漏，增加了浸润和软化作用，均能导致崩塌、滑坡的发生。

堆填加载：在斜坡上大量兴建楼房、工厂，堆渣、弃渣、填土等如果堆放于易于产生崩塌、滑坡的地段，等于给斜坡增加了荷载，斜坡支撑不了过大的重量，失去平衡而诱发崩塌、滑坡的发生。

采石、劈山放炮：采石、劈山等放炮强烈振动，使斜坡岩土体松动，诱发崩塌、滑坡的发生。

乱砍滥伐：不适当的开垦农田等，乱砍滥伐，破坏植被，有利于雨水入渗，也能诱发崩塌、滑坡发生。

3.2.3 山体滑坡的形成规模

山体滑坡的形成规模可以按两种方式来划分，一种是按体积划分，另一种是按埋深程度划分。山体滑坡按滑坡体积可划分为巨型滑坡（滑坡体积大于 1 亿 m^3）、特大型滑坡（滑坡体积为 1000 万～1 亿 m^3）、大型滑坡（滑坡体积为 100 万～1000 万 m^3）、中型滑坡（滑坡体积为 10 万～100 万 m^3）、小型滑坡（滑坡体积为 1 万～10 万 m^3）和微型滑坡（滑坡体积小于 1 万 m^3）。山体滑坡按滑面埋深可划分为超深层滑坡（滑面埋深大于 50 m）、深层滑坡（滑面埋深为 30～50 m）、中层滑坡（滑面埋深为 10～30 m）、浅层滑坡（滑面埋深为 3～10 m）和表层滑坡（滑面埋深小于 3 m）。

3.3 地质气象灾害的运动特征

3.3.1 泥石流的运动特征

自然泥石流的形成过程与一般事物的发生、发展、消亡过程类似，也分为启动、运动、堆积三阶段。不过，各阶段之间很难截然分开。如在运动阶段，既有侵蚀下切、水流与泥沙石块不断汇入的形成阶段内容，又有泥沙、石块停息于边岸、凸岸的堆积阶段现象。停息下来的泥石流体又有可能被以后更大规模、能量的泥石流侵蚀、卷入，搬运到运动阶段，就是以前很长时间形成的冲积扇土石体也不例外，称为次生泥石流。根据泥石流的不同运动特征，可以将泥石流发生区划分为形成区、流通区和堆积区。

泥石流形成区一般在谷坡上游，地质构造复杂，褶皱断裂发育，地面崎岖，风化严重，岩层破碎，植被稀少，水土流失；山坡陡峭，沟谷坡度加大，崩塌、滑坡频繁，泥土石块不断向沟槽聚集，松散物质丰富；有较大汇水面积，夏季暴雨很多，形成无数细流小沟供给大量径流，使泥土石块饱和达到流塑状态。形成容重为每立方米 1300～2300 kg，流速达每秒 5～11 m，流量达每秒几百立方米，冲击力达每平方米几十吨的特殊洪流。龙头部分汇集高达数米至数十米的松散物质，将势能突然转换为动能，从相对静止变为快速运动。后续部分为主体，挟带直径很大的巨砾，长达几十米至几百米的相邻泥石随流而下。同时，冲蚀、淘空深达数米至数十米的沙床，拉动长达几十米至几百米的泥石快速跟进，或推动前面的泥石加速运动。

泥石流流通区通常在谷坡中游，多为峡谷，谷壁陡峭，纵比降大，多陡坎，跌水或局部缓坡。小股黏滞性（固体物质含量约占总体积的 50%～60%，超过水能饱和的程度）泥石流塑性流动停息，存积部分物质，转为稀释性（固体物质约占总体积的 10%～20%，没有达到水能饱和的程度）泥石流，或有选择性地分支散流。大股黏滞性泥石流以黏土颗粒为主体，密度大，能携带巨大石块，以比较狭窄的条带作直线状运动。前锋凝聚，有很大的动能，惯性力、冲击力很容易挟持沿途巨石，破坏流路上的障碍物，迅速通过峡谷直泻山口之外。

泥石流堆积区一般在山脚谷口。泥石流在遇到巨大阻碍或到达山口开阔地，动能消耗以后便淤积起来，厚度达数米至数十米。小股稀释性泥石流冲下来的大小石块堆积成扇形或锥形，起伏不平，水流分散，改道频繁。大股黏滞性泥石流停止流动处仍保持黏滞结构，堆积成波浪式垅丘地形。淤埋沿途农田、庄稼、房屋，损坏村庄、城镇，冲毁道路、桥涵，堵塞江河、湖泊、航道，使洪水泛滥成灾，破坏力极大。

从运动形式上看，水平运动是基本的运动形式，垂直向和旋转运动则是派生的和不稳定的。根据运动形态可将泥石流划分为滑动流、层移流、层动流型和紊动流四种形式。滑动流的泥石流仅沿坡面滑动，流体内部不发生相对运动。通常泥石流启动过程中，泥石流体内摩擦角较大，若坡面或河床较光滑，流体与坡面间摩擦角较小，而坡面倾角大于流体与坡面之间的摩擦角，则泥石流体就会以滑动流的形式运动。层移流的泥石流体沿坡面滑动，流体内部上下层之间沿水平方向又产生相对滑动，在坡面或河床倾角与流体内摩擦角相差很小的情况下，以及泥石流体在开始运动的启动过程中或停止运动的淤积过程中有可能以层移流的形式发生运动。层动流的泥石流体沿坡面滑动，流体内部上下层之间沿水平方向又发生相对滑动和转动，通常在河床倾角与流体内摩擦角相差较大的情况下，泥石流体会以较快的层动流形式运动。紊动流的泥石流沿坡面滑动，流体内部上下层之间沿运动方向又发生相对滑动和转动，同时下层的流体会向上运动进入上层。一般在坡面倾角与流体内摩擦角相差很大的情况下，泥石流体会以紊动流的形式沿坡面高度运动，紊动流的表面十分紊乱，可以看到泥浆飞溅、颗粒翻滚甚至腾跃的现象。

另外，泥石流在运动过程中还会出现弯道超高和冲高现象。一般而言，泥石流沿弯曲沟道流动，其外侧就会产生超高现象。而当泥石流在运动方向上与具有垂直面的障碍物相遇，则会骤然产生冲高现象。

总体而言，泥石流运动与江流、洪流、异重流等流体运动相比较，具有以下特点：

（1）历时短暂。突然暴发后，几分钟到几十小时结束。

（2）运动快速。以每小时 100 km 或近于自由落体速度前进，在极短的时间内将数万吨至数千万吨的泥沙、石块输送很长（有的达 24/km）距离。

（3）冲击力大。每平方米可达数千至数万牛顿，可将数百吨甚至上千吨的巨石搬到山外，如 1963 年古乡泥石流带出一块体积为 364 m^3、重量达 940 吨的花岗石片麻岩巨石。

（4）破坏性强。泥石流常作直线惯性运动，遇弯道不改向，遇障碍物不绕行，正面冲击、冲毁、切断、堵塞、淤埋沿途自然环境、人工建筑，如山坡、沟谷、草地、森林、河道、农田、公路、铁道、人员、牛羊等，造成重大损失。

3.3.2 山体滑坡的运动特征

山体滑坡按运动形式可分为牵引式滑坡和推动式滑坡。牵引式滑坡是指滑体前部首先开裂启动滑移，而后中部、中上部、上部依次开裂滑移。推动式滑坡是指滑体先从后缘开裂，滑体后部的巨大势能逐渐向滑体前部推进，在滑动体前部滑移面附近产生应力集中，当滑体前部的抗剪能力支持不住滑动体的推力时便产生滑动。

山体滑坡按滑动速度可以分为剧冲型滑坡（滑速大于 20 m/s）、高速型滑坡（滑速为 5～20 m/s）、中速型滑坡（滑速为 1～5 m/s）、慢速型滑坡（滑速为 0.12 m/s）和蠕动型滑坡（滑速小于 0.1 m/s）。

滑坡的特点是顺坡“滑动”，泥石流的特点是沿沟“流动”。不论是“滑动”还是“流动”，都是在重力作用下物质由高处向低处的一种运动形式。因此，“滑动”和“流动”的速度都受地形坡度的制约，即地形坡度较缓时，滑坡、泥石流的运动速度较慢；地形坡度较陡时，滑坡、泥石流的运动速度较快。

当滑坡、泥石流运动速度较快，并且滑坡、泥石流运移路径上有城镇、村庄分布时，常常由于猝不及防而造成巨大生命、财产损失。所以，人们又常把滑坡、泥石流称为突发性地质灾害。

强降水诱发地质灾害中的气象问题

4.1 精细的降水监测问题

据统计分析表明，90%以上的地质气象灾害是由较强降水诱发的，因此在地质气象灾害监测预报中，准确精细的降水监测是一项十分基础的工作。然而由于实际降水量的分布具有很大的局地性和不均匀性，这给准确精细的降水监测带来了极大的难度。也就是说，只依靠在地面上布设的雨量站进行降水监测，是不能满足地质气象灾害监测预报需要的。目前，全国气象部门正在开展地面区域气象观测站网、多普勒天气雷达站网和 GPS/MET 等站网建设，试图利用上述探测手段结合卫星云图开展定量降水估算，再加上科学合理的降水空间插值方法，来实现准确精细的降水监测，以满足开展地质气象灾害预报服务需要。

4.1.1 降水的空间插值

在地质灾害气象等级预报研究中，降水量是最基本的参考数据。由于人力、财力等各种原因的限制，气象站点的布设往往是有限的，而有限的站点在空间上的布局又不尽合理。从有限的气象站点、不尽合理的空间布局获取的气象观测数据难以满足人们对气象要素在空间尺度上时空变异性精确表达的要求，这就需要发展一种有效的空间插值技术，利用已有的离散点降水数据生成任意空间尺度上的时空分布状况。

所谓的空间内插是利用大量的实测样本数据和可以反映某种地理现象的空间变化性的原理，从研究区实测点的样本数据来估计未知区域的数据，从而反映地理现象的空间变化性的一种方法。很多空间内插方法是独立发展起来的，随着 GIS（地理信息系统）技术平台的出现和实际需求的推动，被广泛应用在 GIS 技术中，成为地理信息系统的基本内容。

在众多的气象要素空间插值方法中，比较常用的包括线性内插法、双线性插值法、移动拟合法、反距离加权法、趋势面法、样条插值法、普通 Kriging 插值法、协同 Kriging 插值法、PRISM 插值方法等。

4.1.2 天气雷达估算降水量

雨量计一直是测量降水的基本工具。雨量计是对降水进行直接测量，与天气雷达、气象卫星等将降水与一些遥测量建立关系后得到的降水估计值相比，雨量计有明显的优势。但是在强降水的测量中，雨量计也显示出一些缺陷，其中最为明显的是单个雨量计的探测范围被限制在地面一个特定的点，雨量计网的空间分辨率较差：Smith 等（1994，1996）将雨量计测量的降水与雷达观测资料比较后发现，即使一个相对密集的雨量计网也不能描述强降水的强度和空间范围，而足以详细描述降水空间分布所需的雨量计数目很大且其数量依雨量大小而改变。另外，雨量计的机械性能、观测时雨量计附近的风向风速等也会对强降水的测量造成严重影响。

天气雷达是一种主动遥感仪器，它发射一定强度的信号，然后测量低层大气中水凝物对该信号的反射和后向散射。因此，天气雷达可以定量地测量其探测范围内的降水（程明虎等 2004）。雷达以很高的时间和空间分辨率实时探测大气中的降水过程，很适合于描述复杂的、动态的、迅速变化的降水场，在中小尺度的灾害性降水测量中具有无可替代的优势（史锐等 2005 年）。

近年来，随着技术的进步，雷达测量降水在不断增添新的内容。例如，利用双波长、双极化雷达提供的衰减、差分反射率因子等信息测量降水，以及用双极化多普勒雷达的差分相移提供的信息测量降水，乃至用机载或星载雷达探测降水。目前中国已建设完成 150 多部多普勒天气雷达，并实现了全国雷达拼图，为开展大范围雷达定量估测降水打下了基础。

4.1.3 卫星云图估算降水量

卫星估计降水对补偿其他定量降水信息源提供了一种极好的方法。与主动遥感不同，安装在卫星上的被动式感应仪器探测的是地表、大气和云系等自然发出的辐射。卫星感应器测到的量往往是某一给定频率内的辐射强度。红外资料无论白天夜晚都能得到，而可见光图像只能在白天才能得到。红外谱段的发射辐射提供了一种测量云、陆地、海洋的直接方法。气象卫星可以观测到从全球尺度到风暴尺度的大气中云的覆盖情况，卫星估计降水覆盖范围广，间隔时间短（如静止卫星目前间隔 15 min），分辨率高（1～4 km）。由于雷达标定差别和雷达波束高度的改变会导致降水测量的空间不连续，而卫星估计降水不受山地和其他阻挡物的限制，因此不存在空间不连续性（洪梅等 2006）。由于卫星测量的辐射率与降水率之间的关系比雷达反射率因子与降水率之间的关系更不稳定，因而卫星估计降水还不能取代雷达估计降水和雨量计测量降水，只能作为一种补充方法。由于静止气象卫星的时间连续性优于极轨气象卫星，这就使得将静止气象卫星用于估计和预报时间尺度较短、雨强较强的降水时比用极轨卫星更为合适。目前，利用静止气象卫星云图开展降水定量估算在业务上已经有良好的发展，为补充地面降水观测资料的不足发挥了重要作用（王立志等 1998；王彦磊等 2007）。

4.1.4 综合运用上述技术的降水空间插值方法

降水作为人类的一种自然资源，由于纬度、海陆分布以及地势地貌与下垫面的特性等不同，局地差异大，变化很不稳定，造成降水资源在空间分布上的明显差异。

前面提到，直接降水观测、雷达和卫星云图估算降水都存在着自身的局限性，那么综合运用这三种手段就可以做到发挥各自的优势，起到取长补短的作用，达到尽可能精确地监测降水的目的。运用降水观测站对雷达估测降水和卫星云图估测降水进行订正，对雷达和卫星估算降水方法（包括统计/数学算法（如：回归、神经网络）以及基于物理的方法）进行修正，使其在降水估算中与真实值更加接近。此外，地形不仅以海拔高度、坡向等一般规律影响降水，而且还通过对天气系统的移动、局地性天气系统的发生发展和消亡来影响局地降水，出现异常的地形降水分布。因此，对地形影响降水规律的了解，有助于了解降水的分布规律。

总之，在降水空间插值中，观测站点本身的空间分布是影响插值精度的重要因素，对空间插值而言，只要样本空间分布合理、观测密度足够，任何插值方法都能得到接近于真实情况的气象要素分布。没有绝对最优的空间插值方法，只有特定条件下的最优方法（李建通等 2000）。因此，必须依据对数据的定性分析和对研究区的地理知识，依据对数据的空间探索分析，经过反复实验，选择最优的空间插值方法。因此，在中尺度加密降水观测站的基础上辅之以雷达和卫星估计降水，使所获得的降水产品更接近真值，再利用合适的空间插值方法实现降水数据的空间化。通过这些方法的处理，就可以基本获得每一次降水过程精细的合理分布状况，为开展精细化的地质气象灾害预报提供了基础。

4.2 精细的降水预报问题

在开展地质气象灾害预报中，精细的降水预报是前提和基础。精细化天气预报质量的好坏直接关系到地质气象灾害预报水平的高低。开展精细化天气预报尤其是精细化降水预报一直是气象部门探索和追求的目标。随着大气科学和高性能计算机与气象观测技术等相关技术的快速发展，尤其是遥感、遥测技术突飞猛进，天气预报业务进入了新的快速发展时期，使得天气预报业务的预报时效、准确性、精细化和无缝隙程度都逐步得到提高。精细化、无缝隙天气监测和预报是指依托以遥感、遥测为主要技术的新一代探测网，全球天气特别是灾害性天气将实现全天候无缝隙实时监测。天气监测的重点从对天气系统外部宏观特征的监测转变为对其内部细致结构的诊断监测。天气预报更加精细化和专业化，时间尺度涵盖从数分钟到10天，并延伸到30天，空间水平尺度精细到百米，空间垂直尺度从海洋表层到高层大气；预报对象从大气基本要素拓展到大气中各种天气现象和相关灾害；产品内容将更加贴近服务需求，个性特征更加分明。

目前，根据中国气象局的有关业务规定，精细的降水预报空间分辨率到乡镇，时间分辨率为0—3 h。随着中尺度数值预报模式的发展，天气雷达和卫星云图定量估测降水业务的开展，实现高时空分辨率的降水精细化预报已经成为可能，并在业务中得到了广泛开展。高分辨率、定时、定点、定量的灾害性天气与大气环境预报已日益成为气象科学研究和业务的重点。

预报时空分辨率的提高必须依赖中尺度数值预报模式。中尺度数值预报模式的业务化研究开发是实现降水精细预报的基础。降水精细化预报业务系统建立在中尺度数值预报模式基础上，以数值预报产品为基础，进行物理量计算、解释应用等。

数值预报产品解释应用中通常运用一些统计方法，在预报因子和需要预报的气象要素或天气现象间建立统计关系，根据这些统计关系（即回归方程式）可做出相应气象要素或天气现象的预报。目前应用较多的有经典统计预报法，完全预报方法（PP法），MOS方法，卡尔曼滤波方法，暴雨的动力过程相似预报方法，暴雨的动力相似过滤方法，强对流天气预报的动力释用方法，区域性强降水的Q矢量诊断预报方法（张书余 2005）。

此外，在数值预报模式的基础上采用集合预报和超级集合预报方法来提高天气预报准确率，是当前天气预报方法中较为新颖的预报方法，各级气象部门也正在进行深入试验和检验。

天气雷达提供的定量降水预报（汤达章等 1992 年）（Quantitative Precipitation Forecast，即 QPF）产品具有较高的时空分辨率。将这些产品用于暴洪警报、冰雹警报和作为水文模型输入的降水预报（姚展予等 2002），对避免人民生命财产损失具有重要作用。天气雷达资料是临近预报中应用的主要观测资料，因为雷达能探测和跟踪生命期小于 6 h 的强天气和降水事件（汤达章等 1992；张亚萍 2007；游然等 2002；张培昌等 1988）。卫星资料是较大尺度和几小时预报时段与对流风暴尺度和几分钟预警时间之间的桥梁。因此，联合应用雷达和卫星资料将有希望增加中尺度降水临近预报的能力。

卫星估计降水的自然延伸是基于卫星的降水临近预报（卢乃锰等 1997；徐双柱等 1994）成功应用卫星降水临近预报算法的好处是提高对某些强降水的提前预报时间。目前利用卫星进行降水预报主要有两类方法：第一类方法是天气-中尺度法，第二类方法是风暴-中尺度法。虽然目前的卫星定量降水预报算法是自动和客观的，但并不稳定，仍然需要一些附加信息，如用预报员的经验和非线性能力进行人机交互的订正（师春香等 2001；俞小鼎等 2000）。

总之，在我国目前的天气预报技术路线中主要是以数值分析预报产品为基础，综合应用多种气象信息和预报技术方法。因此在精细化降水预报中就必须借助高分辨率的数值预报产品，结合卫星云图和新一代天气雷达开展多种预报产品和预报方法，实现降水预报的精细化。

此外，地质气象灾害防治管理部门为了提前安排布置年度、季度、月的地质气象灾害防灾减灾工作，就需要制作上述时间段的地质气象灾害防治预案，此预案在地质气象灾害预测的基础上，确定地质气象灾害重点防治时段和区域，并提出应对措施。而要做到这些，首先需要气象部门制作出较为精细的短期气候预测，即时间尺度、空间尺度、预报内容都比较精细的预测结果。对于短期气候预测来说，所谓精细化是一个相对的并且是无止境的概念，即时间上的精细化是指逐步将强降水过程落实到各时间段上，空间上的精细化是指逐步预测出降水过程的强降水区域，对预测结果表述的精细化是指能预测出每一次强降水过程的降水强度，而不仅仅是现在的趋势预测所表述的偏多、偏少。这对短期气候预测来说是很高的要求，只有依靠气象和相关科学技术的不断提高来逐步实现。

地质气象灾害防治

5.1 地质气象灾害风险分析

从一般意义上来说，地质气象灾害既是一种自然现象，又是一种社会经济现象，因此，它既具有自然属性，又具有社会经济属性。地质气象灾害乃是二者对立统一关系的综合体现。与之相对应，对地质气象灾害的研究也应从这两个基本属性入手来寻找其活动的基本规律，这显然有别于传统的工程地质学研究。但目前国内外对地质气象灾害的研究主要是考虑其自然属性，预测评估也多从内外影响因素入手，着重考察其形成机制与诱发条件，度量的指标多为稳定性系数、稳定性程度。诚然，对单体地质气象灾害而言，这种研究必不可少，但如果从更深的层次来看，这显然没有考虑到地质气象灾害的社会经济属性，忽视了地质气象灾害的区域性预测评估研究。人类防治地质气象灾害的最终目的并不是杜绝引起地质气象灾害的地质现象或地质事件的发生（从目前的社会经济发展水平来看，这显然也是不可能的），而是确保这些地质现象或地质事件不对人类造成不可接受的危害。所以从社会减灾防灾意义上讲，从社会属性方面来分析防治地质气象灾害具有更大的社会经济效益。这就要求从地质气象灾害预测、中长期预报直至地质气象灾害风险评估的系统理论与方法，为有效地减少各类地质气象灾害对人类造成的损害提供更为科学合理的依据。

5.1.1 地质气象灾害风险的概念

对地质气象灾害风险这一概念，有着多种不同的理解。在联合国教科文组织的一项研究计划中，Varmes（1984）提出了自然灾害及风险的术语定义，随后得到了国际地质气象灾害研究领域的普遍认同，成为对地质气象灾害危险性、易损性和风险评估的基本模式。地质气象灾害风险的一些基本概念如下：

(1) 危险性 H（Hazard）是指特定地区范围内某种潜在的地质气象灾害现象在一定时期自发生的概率。

(2) 易损性 V（Vulnerability）是指某种地质气象灾害现象以一定的强度发生而对承灾体可能造成的损失度。它用 0～1 来表示，0 表示无损失，1 表示完全损失。

(3) 承灾体 E（Element at risk）是特定区域内受地质气象灾害威胁的各种对象，包括人口、财产、经济活动、公共设施、土地、资源、环境等。

(4) 风险强度 RI（Risk Intensity）是在一定时期内，某承灾体可能受到某种地质气象灾害现象袭击而造成的损失程度。风险强度 RI=危险性 H×易损性 V，风险强度的值介于 0～1 之间。

(5) 风险 R（Risk）指承灾体可能受到各种地质气象灾害现象袭击而造成的直接和间接经济损失、人员伤亡、环境破坏等。

$$R = H \times V \times E$$

可以看出，地质气象灾害的危险性（H）和承灾体（E）的易损性（V）共同决定了地质气象灾害的损失大小，是控制地质气象灾害风险（R）的基本条件，对这两者的分析评价称作地质气象灾害危险性评价和社会经济易损性评价。对于地质气象灾害的危险性分析有许多成熟的成果，而对于受威胁对象的社会经济易损性分析，则因其涉及的因素众多，实际信息资料的提取难度较大，至今大多停留在理论探索阶段，实际应用模型较少。

由于实际情况的复杂性，在地质气象灾害风险评估中很难对 H、E、V 等进行精确的定量表示。在这种情况下，可以采用“等级”的概念，先对地质气象灾害的社会经济易损性进行分级，然后再采用适当的方法进行最终的风险评估。

5.1.2 地质气象灾害风险评价

地质气象灾害风险评价的目的是要清晰地反映评价区地质气象灾害总体风险水平与地区差异，为指导国土资源开发、保护环境、规划、防灾减灾及实施地质气象灾害防治工程提供科学依据。

目前，国内地质气象灾害风险评价主要包括下列三方面内容：

一是危险性分析——通过对历史地质气象灾害活动程度以及对地质气象灾害各种活动条件的综合分析，评价地质气象灾害活动的危险程度，确定地质气象灾害活动的密度、强度（规模）、发生概率（发展速率）以及可能造成的危害区的位置、范围。

二是易损性分析——通过对评价区内各类受灾体数量、价值和对不同种类、不同强度地质气象灾害的抗御能力进行综合分析，结合防治工程、减灾能力分析，综合两方面因素，评价承灾区易损性，确定可能遭受地质气象灾害危害的人口、工程、财产以及国土资源的数量（或密度）及其破坏损失率。

三是期望损失分析——在危险性分析和易损性分析的基础上，计算评价地质气象灾害的期望损失（未来一定时期内地质气象灾害可能造成的人口伤亡与经济损失的平均值、资源和环境破坏程度）与损失极值（未来一定时期内可能造成的人口伤亡与经济损失的最高值）。

在上述三方面分析中，危险性分析和易损性分析是地质气象灾害风险评价的基础，通过这两方面的分析，确定风险区位置、范围以及地质气象灾害活动的分布密度与发生概率，进而确定可能遭受地质气象灾害的人口、工程、财产以及资源、环境的空间分布与破坏损失率；期望损失分析是地质气象灾害风险评价的核心，其目标是预测地质气象灾害可能造成的人口伤亡、经济损失以及资源、环境的破坏损失程度，综合反映地质气象灾害的风险水平。这三方面分析相互联系，形成具有层次特点的地质气象灾害风险评价系统。

5.1.3 基于GIS技术的地质气象灾害风险分析

作为数字地球的核心技术之一，GIS技术提供了一种认识和理解地学信息的新方式，GIS结合灾害评价模型的扩展分析、GIS与决策支持系统的集成、GIS虚拟现实技术的应用等，正逐步发展并深入应用。

各种地质气象灾害都是在地球表层一定空间范围和一定时间限度内发生的，尽管不同种类的地质气象灾害之间、同一种类的地质气象灾害的不同个体之间大都形态各异，形成机理也是千差万别，但它们都是灾害孕育环境与触发因子共同作用的结果，而这些都与空间信息密切相关。利用GIS技术不仅可以对各种地质气象灾害及其相关信息进行管理，而且可以从不同空间和时间的尺度上分析地质气象灾害的发生与环境因素之间的统计关系，评价各种地质气象灾害的发生概率和可能的灾害后果。

GIS不仅可以像传统的数据库管理系统（DBMS）那样管理数字和文字（属性）信息，而且还可以管理空间（图形）信息；它可以使用各种空间分析的方法，对多种不同的信息进行综合分析，寻找空间实体间的相互关系，分析和处理一定区域内分布的现象和过程。当代地理信息系统正向能够提供丰富、全面的空间分析功能的智能化GIS的方向发展。智能化的GIS具有强大的空间建模功能，能够构建各种具有专业性、综合性、集成性的地学分析模型来完成具体的实际工作，解决以前只有靠地学专家才能解决的问题。

一般的GIS软件平台都提供一些基本的空间分析工具，如区域叠加分析、缓冲分析、矢量栅格数据转换、属性数据查询检索、数字高程模型、数字地面模拟分析等，但仅仅直接利用这些基本的工具进行地质气象灾害的风险分析显然是不现实的，这就需要结合具体的实际情况在基本的GIS平台上开发出与各种专业地学模型相结合的分析模块，如可以将信息量模型、专家打分模型、人工神经网络模型等与基础GIS平台结合，应用于地质气象灾害的风险分析中。

5.2 地质气象灾害灾情评估

5.2.1 地质气象灾害灾情评估的目的、类型与主要内容

5.2.1.1 地质气象灾害灾情评估的目的

地质气象灾害灾情评估的目的是通过揭示地质气象灾害的发生和发展规律，评价地质气象灾害的危险性及其所造成的破坏损失、人类社会在现有经济技术条件下抗御灾害的能力，运用经济学原理评价减灾防灾的经济投入及取得的经济效益和社会效益（张梁等 1998）。

突发性地质气象灾害往往危害人类生命安全，造成重大经济损失，防治灾害的投入往往不能马上取得经济效益，因此，需要采用负负得正的原则评价灾害损失和减灾效益。渐变性地质气象灾害属地质环境恶化型，通过规划、协调地质环境与社会经济发展的关系，采用综合治理的措施，可达到保护环境、减少或减轻灾害损失、发展经济的目的。

从深层次看，地质气象灾害破坏经济环境和社会环境，从而影响经济和社会发展。地质气象灾害灾情评估必须与地质气象灾害的成因研究相结合，与灾害破坏、损失的工程分析相结合。

5.2.1.2 地质气象灾害灾情评估的类型

地质气象灾害灾情评估有多种类型，不同的分类原则可有多种分类方法（张春山等 2003）。虽然各种评估类型的评估目标基本相同，但评估特点和具体方法则不完全一致。

根据评估时间，地质气象灾害灾情评估分为灾前预评估、灾期跟踪评估和灾后总结评估三种类型。

（1）灾前预评估。是对一个地区地质气象灾害事件的危险程度和可能造

成的破坏损失程度的预测性评价，它是制定国土规划、社会经济发展计划以及减灾对策预案的基础；

(2) 灾期跟踪评估。是在灾害发生时对灾害损失的快速评估，它是制定救灾决策和应急抗灾措施的基础；

(3) 灾后总结评估。是指在灾害结束后对灾害损失进行的全面评估，它是决定救灾方案、制定灾后援建计划和防御次生灾害的重要依据。

根据评估范围或面积，可将地质气象灾害灾情评估分为点评估、面评估和区域评估三类：

(1) 点评估。是指对一个地质气象灾害体或具有相同活动条件及特征相对独立的灾害群进行的评估，评估范围一般不超过几十平方千米，点评估的对象是具体的单一的灾害体或灾害事件，通过评估能比较准确地量化它的损失程度和风险水平，可作为防治工程设计与施工的依据，如为治理滑坡或滑坡群而进行的滑坡灾害评估。

(2) 面评估。是对具有相对统一特征的自然区域或社会经济区域进行的评估，评价区面积一般从几十平方千米到几千平方千米，如一个小流域或一座城市。其目的是评价某一地区地质气象灾害的破坏损失程度或风险水平，指导地质气象灾害防治工程并为区域规划和资源开发提供依据。

(3) 区域评估。是指跨流域、跨地区的大面积的地质气象灾害灾情评估，评估范围为一个省或几个省乃至全国，面积一般在几万平方千米以上。区域评估的目的是对区域性地质气象灾害的破坏损失或风险水平进行评价，从而为宏观减灾决策和区域经济规划提供依据。

5.2.1.3 地质气象灾害灾情评估的内容

地质气象灾害灾情评估是对地质气象灾害灾情进行调查、统计、分析、评价的过程。在地质气象灾害成灾过程中，灾害活动情况是灾情评估的重点，灾前孕育阶段和灾后恢复情况分别是灾情评估的背景条件和辅助内容。因此，地质气象灾害灾情评估的内容包括危险性评价、易损性评价、破坏损失评价和防治工程评价四个方面的内容，其中危险性评价和易损性评价是灾情评估的基础，破坏损失评价或灾害风险评价是灾情评估的核心，防治工程评价是灾情评估的应用。

危险性评价的目的主要是分析评价孕灾的自然条件和灾变程度，通过分析地质气象灾害的形成条件和致灾机理，确定地质气象灾害的强度、规模、频度及其危害范围等。易损性评价是对受灾体的分析，其目的是划分受灾体类型，统计分析受灾体损毁数量、损毁程度，核算受灾体的损毁价值。破坏损失评价是对地质气象灾害发生后人员伤亡和财产损失的情况分析，其基本任务是核查人口伤亡数量、核算经济损失程度，评定灾害等级和风险等级。防治工程评价主要用来评价地质气象灾害防治工程的经济效益、社会效益和环境效益，对防灾抗灾工程的资金投入和效益进行分析。

5.2.2 地质气象灾害危险性评价

地质气象灾害危险性是地质气象灾害自然属性的体现，评价的核心要素是地质气象灾害的活动强度。从定性分析看，地质气象灾害的活动强度越高，危险性越大，灾害的损失越严重。地质气象灾害危险性分为历史灾害危险性和潜在灾害危险性。前者指已经发生的地质气象灾害的活动强度，评价要素为灾害的类型、规模、活动周期以及研究区内灾害的分布密度；后者指具有灾害形成条件但尚未发生的地质气象灾害的潜在危害性，评价要素包括地质条件、地形地貌条件、气象水文条件、植被条件和人为活动条件等。

对于历史地质气象灾害可以通过调查统计获取相关的资料和信息，对于潜在地质气象灾害则需要在调查研究的基础上通过一系列分析计算才能获取有关的资料。点评估主要是对潜在灾害体或已经出现的灾害现象进行分析评价，确定未来的灾害发生几率、可能的规模和危害范围、活动强度及破坏程度等。面评估是对一个地区某一类或几类地质气象灾害的活动程度进行分析评价，确定研究区未来灾害的类型、活动频率、强度、规模及其破坏能力，并进行危险性分区。区域评估是对大范围内多种地质气象灾害活动强度的综合分析评价，通过危险性区划确定区域性地质气象灾害的活动水平和危害程度。

5.2.2.1 突发性地质气象灾害发生概率的确定

地质气象灾害发生概率是由降水等气象条件引起的崩塌、滑坡、岩溶塌陷、泥石流等突发性地质气象灾害危险性分析的重要指标。突发性地质气象灾害属于随机事件，同时又具有重复性和周期性特点。在不同条件下，它们发生的几率和成灾程度不同。确定突发性地质气象灾害发生概率的方法很多，常用的有经验法、动力分析与条件分析法、历史灾害频数统计法等。

对于活动频繁且有较长时间观测记录或充分研究资料的地质气象灾害，可通过进一步分析不同时间尺度的灾害周期性变化规律，根据经验确定不同规模灾害事件的发生概率。动力分析与条件分析方法是通过潜在灾害体的力学机制和形成条件分析，利用数学模型确定灾害发生概率的方法。历史灾害频数统计法是通过对地质气象灾害在历史上的活动次数进行统计，总结出不同规模灾害活动随时间的分布频数曲线，根据曲线类型确定灾害活动规模与灾害发生频率的关系，从而得出灾害发生的概率。

5.2.2.2 地质气象灾害危害范围的确定

地质气象灾害危害范围的大小主要取决于灾害类型、活动规模和活动方式。对于崩塌、滑坡和泥石流而言，它们的成灾范围一般包括灾害体发育区、灾害体活动区以及由其引发的次生灾害危害区三部分组成。准确地圈定地质气象灾害危害范围，对不同地区、不同类型地质气象灾害的规模、活动方式及其破坏能力进行评价，是评估和预测灾害损失的重要依据。

我国西藏波密易贡地区2000年4月9日发生罕见山体大滑坡后，中国水利科学研究院遥感技术应用中心利用我国“资源一号”卫星在上述地区1月26日、4月13日和5月9日的遥感数字图像，结合国家测绘局制作的1∶25万电子地图，在滑坡的发生范围内生成了三维立体图像，了解到了滑坡体和受淹地区的全貌，成功地对滑坡灾害做出了定量评估。为了预测滑坡体一旦溃决对下游造成的灾害，做好减灾救灾的防范措施，遥感技术应用中心在数字高程模型（DEM）的基础上，计算出滑坡体下游至通麦桥的河道坡度，获得了直观、全面而准确的资料，为有关部门迅速做出决策提供了可靠的科学依据。

5.2.3 地质气象灾害危险程度分区

近年来，随着地质气象灾害的频繁发生，灾害损失日益加重，国土资源部要求全国各地开展地质气象灾害普查工作，建立起地质气象灾害危险程度分区图，以便在全国地质气象灾害易发区建立完善的地质气象灾害群测群防体系，有针对性地开展地质气象灾害预报预警工作。于是全国各地国土部门都积极开展了当地地质气象灾害普查工作。

5.2.3.1 山体滑坡易发程度分区

现以重庆市为例简要介绍重庆市地质气象灾害（主要是山体滑坡）易发程度等级区划。

2003年重庆市国土资源和房屋管理局依据现有地质气象灾害调查资料，结合地形地貌、岩土类型、地质构造、水文地质及人类经济活动等因素，对重庆市地质气象灾害易发程度进行等级区划，共分为四级：高易发区、中易发区、低易发区和不易发区（图5.1），其中高易发区总面积5301.13 km^2，占全市总面积的6.43%，主要分布在长江干流巫山至江津白沙沿岸地带、乌江流域涪陵至彭水段沿岸地带、合川市三汇镇川渝铁路内侧至北碚区皮家山一带、万盛区南桐至南天片区、城口县新枞至葛城镇片区、巫溪县白鹿—西宁至城厢镇片区。中易发区总面积57350.81 km^2，占全市总面积的69.60%，

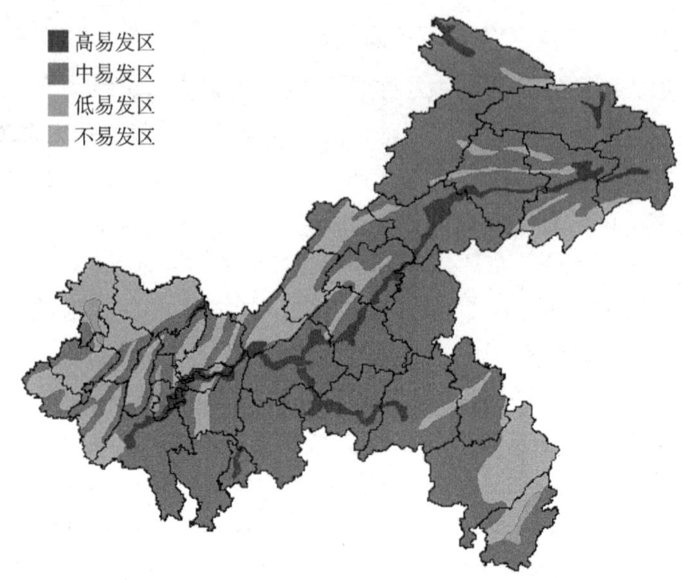

图 5.1　重庆市地质气象灾害危险性分区图

主要分布在潼南南至大足西片区、大足东至荣昌南片区、华蓥山帚状背斜构造片区、渝北区黄印至统景片区、梁平西至渝北东片区、丰都县董家至涪陵致韩片区、忠县大岭至丰都县十直片区、云阳县红狮至万州区大观片区、渝东北片区、巫山县抱龙至奉节县吐祥片区、渝东南片区、渝南片区、秀山涌洞至梅江片区。低易发区总面积为 19012.64 km^2，占全市总面积的 23.08%，主要分布在渝西、铜梁县石鱼至永川市三教片区、永川市石竹—朱沱至江津市羊石盘片区、璧山县八塘至丁家片区、北碚区静观至渝北区人和片区、长寿区洪湖镇至渝北区龙兴片区、梁平机场至长寿湖片区、城口县高观镇至巫溪县鱼鳞镇北部片区、云阳县路阳镇至奉节县金凤镇片区、云阳县养鹿至洞麓片区、奉节县梅魁至巫山县红椿片区、南岸区迎龙镇至巴南区跳石片区、酉阳县新田至桑拓片区、酉阳县东部片区。不易发区总面积为 735.42 km^2，占全市总面积的 0.89%，主要分布在潼南县太安镇—塘坝镇至铜梁县平滩镇片区、沙坪坝区陈家桥镇至九龙坡区走马镇片区以及秀山县城至宋农镇片区。重庆市地质气象灾害类型以滑坡、危岩崩塌、泥石流及地面塌陷等为主，其中滑坡最为显著，占所有地质气象灾害的 90%以上。

5.2.3.2　泥石流危险度区划

中国泥石流危险度区划按照危险度的等级分为五类区，即高危险度区、较高危险度区、中危险度区、较低危险度区和低危险度区。根据区划图(图 5.2)定量统计，各类危险度区包含的县市个数从高危险度区到低危险度区依次为142个、261个、755个、998个、203个，其面积占全国国土面积比例分别为7%、6%、31%、19%、37%。高危险度区主要包括四川西部、云南西部、西藏南部、台湾东部以及陇南、陕南、渝东、鄂西的部分地区；较高危险度区主要包括重庆、四川东部、云南西部、贵州西部、湖南西北部、甘肃南部、陕西南部、山西东部、河北西部、北京北部、辽宁东部、福建东南部等地区；中危险度区主要包括华南、华中的低山丘陵地区、西藏东南部和西部、新疆西部、青海东部、甘肃西部、河北北部以及东北山区等地区；较低危险度区主要位于东北、华北、华南、四川的平原地区以及陕西、山西、甘肃的黄土高原地区；低危险度区主要位于西北的沙漠、草原、高原地区。

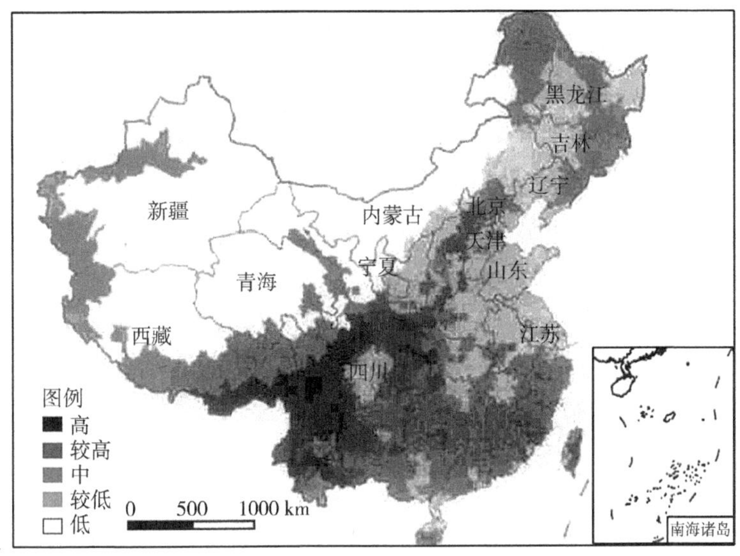

图5.2 我国泥石流危险度区划图（唐邦兴等 1991）

5.2.4 地质气象灾害社会经济易损性评价

5.2.4.1 社会经济易损性构成

易损性是指受灾体遭受地质气象灾害破坏机会的多少与发生损毁的难易程度。这一概念暗含了人类社会和经济技术发展水平应对正在发生的灾害性事件的能力。社会经济易损性由受灾体自身条件和社会经济条件所决定，前者主要包括受灾体类型、数量和分布情况等；后者包括人口分布、城镇布局、厂矿企业分布、交通通信设施等。

5.2.4.2 易损性评价的主要内容与基本方法

易损性评价的主要对象是受灾体，其目的是分析现有经济技术条件下人类社会对地质气象灾害的抗御能力，确定不同社会经济要素的易损性参数，为地质气象灾害破坏损失评价提供基础。主要评价内容包括：划分受灾体类型，调查统计各类受灾体数量及其分布情况，核算受灾体价值，分析各种受灾体遭受不同类型、不同强度地质气象灾害危害时的破坏程度及其价值损失率。

（1）受灾体价值损失率

受灾体价值损失率是指受灾体遭受破坏损失的价值与受灾前受灾体价值的比率，它是易损性评价的重要内容。在灾后评估中，可通过对受灾体的调查，根据其实际损毁程度评估核算受灾体的价值损失率。但在以期望损失为目标的灾情评估中，只能根据受灾体遭受某种强度的地质气象灾害时可能发生的破坏程度分析预测受灾体的价值损失额和价值损失率。

（2）灾害敏感度分析和承灾能力分析

不同受灾体对不同类型和活动强度的地质气象灾害的承受能力不一样，可能的损毁程度及灾后的可恢复性也存在着差异。地质气象灾害易损性评价包括灾害敏感度分析和承灾能力分析两个方面，它反映了人类工程活动和社会经济发展与自然环境组成要素之间的适宜程度。

灾害敏感度是指在一定社会经济条件下，评价区内人类及其财产和所处的环境对地质气象灾害的敏感水平和可能遭受危害的程度。通常情况下，人口和财产密度越高，对灾害的反应越灵敏，受灾害危害的程度越高。灾害敏感度分析的基本要素包括人口密度、建筑物密度和价值、工程价值、资源价值、环境价值、产值密度等。分析方法主要有模糊综合评价、灰色聚类综合评价等。

承灾能力是指人类社会对地质气象灾害的预防、治理程度及灾后的恢复能力。若防灾、抗灾和灾后恢复重建的能力强，则其承灾能力强。承灾能力分析的基本要素包括受灾体抗御地质气象灾害的能力、减灾工程的密度及其防治效益。

5.2.5 地质气象灾害破坏损失评价

5.2.5.1 地质气象灾害破坏损失构成

从广义上讲，地质气象灾害的破坏损失由生命损失、经济损失、社会损失、资源与环境损失构成。但从可定量化的角度看，生命损失和经济损失对人类不但具有最直接的关系，而且比较容易量化评价；社会损失和资源与环境损失主要表现为间接损失，目前还难以进行量化评价。因此，地质气象灾害破坏损失主要是指地质气象灾害的经济损失，即以货币形式反映的地质气象灾害受灾体的价值损失。

5.2.5.2 评价内容

地质气象灾害破坏损失评价是定量化分析地质气象灾害经济损失程度的过程，利用以货币形式表示的绝对损失额和相对损失额来反映地质气象灾害破坏损失的程度。其主要内容包括：计算评价区域地质气象灾害经济损失额、损失模数、相对损失率；评价经济损失水平和构成条件；分析破坏损失的区域分布特点。

5.2.5.3 评价方法

地质气象灾害破坏损失评价的基本途径是在地质气象灾害发生概率、破坏范围、危害程度和受灾体损毁程度分析的基础上，研究地质气象灾害的经济损失构成，进而确定经济损失程度和分布情况。地质气象灾害经济损失主要是由受灾体价值损失形成的。由于不同受灾体遭受灾害破坏后的价值损失形式不同，所以价值损失核算的途径也不一样，主要有成本价值损失核算、收益损失核算、成本—收益价值损失核算三种。

（1）成本价值损失核算

成本价值损失核算以受灾体成本价值为基数，根据其灾害损失程度或者修复成本、防灾成本投入核算受灾体的价值损失。房屋、道路、桥梁、生命线工程、水利工程、构筑物、设备及室内财产等绝大多数受灾体均可采用该方法进行价值损失核算。

（2）收益损失核算

收益损失核算以受灾体的可能收益为基数，根据其灾害损失程度核算受灾体价值损失，主要适用于农作物价值损失核算。

（3）成本—收益价值损失核算

成本—收益价值损失核算以受灾体的成本和收益为基数，根据其灾害损失程度核算受灾体价值损失，主要适用于资源价值损失核算。如土地资源的价值表现为成本价值和效益价值两个方面，前者包括为建设交通、能源、通信设施等投入的费用；后者包括可能的商贸效益、工业效益、农业效益和旅游效益等。

5.2.5.4 历史灾害破坏损失评价

历史灾害破坏损失评价是指对已经发生的地质气象灾害的经济损失进行统计分析，评价的基本方法是调查统计。对于成灾范围较小、受灾体数量较少的灾害事件，可以对所有受灾体进行实际调查，评估其灾前价值；然后，根据其实际破坏情况，逐一确定损毁程度和价值损失率。如果成灾范围较大、受灾体数量较多，可采用分类调查统计或抽样调查统计方法核算灾害事件的经济损失。

5.2.5.5 地质气象灾害期望损失评价

在危险性评价和易损性评价基础上核算可能的灾害损失的平均值，即期望损失评价。不同地质气象灾害的成灾过程和损失构成不同，期望损失的评价方法不一。例如，崩塌、滑坡、泥石流等突发性地质气象灾害的期望损失评价可根据风险评价理论采用概率预测方法进行计算。

5.2.6 地质气象灾害防治工程评价

5.2.6.1 评价内容

地质气象灾害防治工程评价的目的就是实现地质气象灾害防治的最优化。通过防治工程评价，对比不同灾害防治项目的可能效益，在此基础上规划安排防治顺序，确定优先防治项目，以便使有限的防治资金最充分地发挥作用。地质气象灾害防治工程评价的基本内容是：分析地质气象灾害防治工程的科学性，评估地质气象灾害防治工程的经济效益，评价地质气象灾害防治工程的可行性和合理性。

地质气象灾害防治工程评价的途径是结合地质气象灾害防治规划或防治方案，评价防治措施的技术可行性和经济合理性。技术可行性可通过工程分析和已有同类防治工程的有效性分析等途径实现；防治措施的经济合理性则根据防治效益或投入效益比确定。

5.2.6.2 防治工程经济效益评价方法

以地质气象灾害防治工程为主构成的灾害防御系统，其基本功能是减轻或免除灾害给自然环境造成的破坏以及对人类生命财产造成的损失，保障和维护人类的正常生产和生活，促使人类劳动价值的增值（财富增值）。防灾效益取决于防治条件下减少的地质气象灾害（期望）损失费用与防灾工程的投入费用，其表达式为：

$$E=O/I$$

其中，E 为防灾效益，O 为防灾收益（或地质气象灾害期望损失费用），I 为防灾工程投入费用。

由上式可以看出，防灾效益的高低主要取决于防灾收益（用货币形式反映的防灾功能）与防灾成本（防治工程所需要的材料、劳动等投入）之比，而防灾收益和防灾工程投入费用的大小又与灾害危害强度、防灾度（防治工程对灾害的可能防御程度）、设防标准（防治工程的设计防灾能力）、防灾功能（防治工程可能实现的消灾能力、对受灾体的防护能力以及可能产生的其他作用）等有关。

地质气象灾害防治工程效益主要体现在减灾效益上，少数防治工程还附带有一定的增殖效益，如植树造林除具有稳定斜坡岩土体、防治水土流失的减灾效益外，林木产品还可以产生一定的增值效益。增值效益可根据单位产品市场价格核算。

通常情况下，防治费用和防灾效益呈正比关系。人力、物力和财力的投入加大，防治工程规模扩大，则防灾度提高，灾害损失下降。但从经济学角度看，必须以最小的减灾投入获取最大的防治效果，实现地质气象灾害防治效果与减灾投入比最佳。

此外，还可以利用投入产出法、比拟法等计算地质气象灾害防治工程效益。

5.3 地质气象灾害防治的非工程措施

5.3.1 群测群防

5.3.1.1 基本定义和法律依据

地质气象灾害群测群防体系是指县、乡、村地方政府组织城镇或农村社区居民为防治地质气象灾害而自觉建立与实施的一种工作体制和减灾行动，是有效减轻地质气象灾害的一种“自我识别、自我监测、自我预报、自我防范、自我应急和自我救治”的工作体系，是当前社会经济发展阶段，山区城镇和农村社区为应对地质气象灾害而进行自我风险管理的有效手段。

建立地质气象灾害群测群防体系是有法律依据的。2004 年 3 月 1 日，国务院颁布的《地质灾害防治条例》开始实施。《条例》第六条规定：“县级以上人民政府应当组织有关部门开展地质灾害防治知识的宣传教育，增加公众的地质灾害防治意识和自救、互救能力”。第十五条规定：“地质灾害易发区的县、乡、村应当加强地质灾害的群测群防工作。在地质灾害的重点防范区内，乡镇人民政府、基层群众自治组织应当加强地质气象灾害险情的巡回检查，发现险情及时处理和报告”。

地质灾害群测群防是我国当前及今后相当长一段时期在地质气象灾害多发地区为适应相对落后的经济社会发展状况而实施的带有主动应对性质的一种有组织的减灾行动，是在全局上不得已的被动应对形势下的最有效的群众性防灾减灾行动，它在国家地质气象灾害减灾战略中占有重要地位。这项工作的根本特点就是地质灾害在哪里出现就在哪里应对，突出强调所在地区居民减灾的自发性与自觉性，突出强调减灾行动的实时性，追求减灾成本的最小化和减灾效果的最大化。

5.3.1.2 群测群防体系的基本构成

群测群防体系由技术支撑、组织体系、运行实施等基本要件构成（刘传正等 2006 年）。

(1) 技术支撑。包括地质调查、地质气象灾害气象预报、培训指导。地质调查是开展地质气象灾害群测群防的基础性工作，其目的是查明各地质气象灾害隐患点的基本特征及其对居民、设施的潜在威胁和空间位置关系。地质气象灾害气象预报是一种针对地质气象灾害的宏观预报，它根据不同的降水量值和强度造成各区域发生地质气象灾害可能性的大小来作出地质气象灾害气象等级预报，分为五级：一级为气象原因造成的地质气象灾害的可能性很小，概率区间为［0，10％），二级为气象原因造成的地质气象灾害的可能性较小，概率区间为［10％，25％），三级为气象原因造成的地质气象灾害的可能性较大，概率区间为［25％，50％），四级为气象原因造成的地质气象灾害的可能性大，概率区间为［50％，75％），五级为气象原因造成的地质气象灾害的可能性很大，概率区间为［75％，95％）。国土资源部和中国气象局从 2003 年起联合开展了“全国地质气象灾害气象预报预警”工作，从而提高了地质气象灾害群测群防工作的指导性和针对性。培训指导是各级政府职能部门定期对群测群防工作人员进行地质气象灾害防灾减灾知识培训，其培训内容有：灾害识别、监测方法、预案编制和应急处置，使受训人员有能力对受地质气象灾害威胁的群众进行地质气象灾害防灾减灾知识宣传，填写防灾减灾“明白卡”（见表 5.1），设立防灾减灾“警示牌”，组织实地防灾避难路线演习，强化防灾应变意识，快速选择最有效的避灾方法等。

(2) 组织体系。由县（区）、乡（镇）、村（组）三级组织构成。县（区）级负责该县（区）境内的重大地质气象灾害隐患点的监测预警，负责本县群测群防的技术指导和管理，是群测群防与专业监测研究的联络部；乡（镇）级监测负责该乡（镇）地域内较大的地质气象灾害隐患点的监测预警；村（组）级监测负责该村（组）地域内地质气象灾害隐患点的监测预警。各级监测站、点均由分管该工作的主管领导（县长、乡长、村长）负责，责任落实到人。

地质气象灾害监测区域或隐患点一般按危害程度划分为若干等级，分级实行重点防范。如威胁人口大于 100 人、潜在经济损失大于 500 万元的地点应由县级监测机构直接管理，定期巡查，乡村机构具体实施。

在地质气象灾害相对平静期（一般为非汛期），要进行技术培训，组织防灾演习，强化防灾意识，提升减灾能力，进行工作总结，奖励在防灾减灾工作中作出突出贡献的单位和个人。

表 5.1　三峡库区地质灾害防灾工作明白卡

编号：

<table>
<tr><td rowspan="4">灾害基本情况</td><td>灾害位置</td><td colspan="6"></td></tr>
<tr><td>类型及其规模</td><td colspan="6"></td></tr>
<tr><td>诱发因素</td><td colspan="6"></td></tr>
<tr><td>威胁对象</td><td colspan="6"></td></tr>
<tr><td rowspan="3">监测预报</td><td>监测负责人</td><td colspan="2"></td><td colspan="2">联系电话</td><td colspan="2"></td></tr>
<tr><td>监测主要迹象</td><td colspan="2"></td><td colspan="2">预警主要方法和手段</td><td colspan="2"></td></tr>
<tr><td>临灾预报依据</td><td colspan="6"></td></tr>
<tr><td rowspan="5">应急避险撤离</td><td>预定避灾地点</td><td></td><td>预定疏散路线</td><td></td><td>警报预定信号</td><td></td><td></td></tr>
<tr><td>疏散命令发布人</td><td colspan="3"></td><td>值班电话</td><td colspan="2"></td></tr>
<tr><td>抢排险单位负责人</td><td colspan="3"></td><td>值班电话</td><td colspan="2"></td></tr>
<tr><td>治保单位负责人</td><td colspan="3"></td><td>值班电话</td><td colspan="2"></td></tr>
<tr><td>医疗救护单位负责人</td><td colspan="3"></td><td>值班电话</td><td colspan="2"></td></tr>
</table>

（3）运行实施。原则是“政府负责，分级管理，自觉监测，协同防御”。其运行过程由六个“自我”构成，即自我识别、自我监测、自我预报、自我防范、自我应急、自我救治。自我识别是群众利用科普宣传教育获得的知识来识别地质气象灾害隐患，及时发现和判断出自己所处的危险境地。自我监测是落实县、乡、村基层群众组织的防灾责任人，确定监测方法和要求（如地裂、墙裂的测量，地貌和地表植物的细微变化等）（图 5.3），进行定期巡查测量或汛期强化监测，必要时逐级上报。自我预报是防灾责任人根据所监测到地质气象灾害隐患点所发生的变化和一些表现，经过判断后发出预警，并采用多种手段（除采用现代化的通信工具外，还可以采用敲锣、鸣号、高音喇叭、树旗子等简单易行的办法）通知受威胁的群众快速撤离和逃生。自我防范首要是训练群众防灾的警觉性、应变能力和心理素质，其二是要求受地质气象灾害威胁的群众学会认知即将发生地质气象灾害的迹象和特征，其三是要求受地质气象灾害威胁的群众清楚一旦发生地质气象灾害的逃生路线和处置办法。自我应急是当责任人发现地质气象灾害重大险情时，立即上报，并由一级组织（县、乡、村）指挥群众有序疏散，安排群众撤离后的食宿、医疗卫生、治安等各项工作。自我救治是地质气象灾害发生后，由一级组织（县、乡、村）开展抢险救灾工作：一是向上级申请救灾援助；二是组织对失踪人员的搜救，妥善安置遇难人员并安抚亲属；三是对受伤人员组织救治；

四是加强监测预警，保证抢险救灾人员的安全；五是组织群众开展生产自救，制订方案，积极筹划家园重建工作，确保社会稳定。

图 5.3　长江三峡库区编号为 QL01 的地质气象灾害群测群防监测点观测到的墙裂缝

在地质气象灾害群测群防运行实施过程中，主要的运行流程如图 5.4 所示。

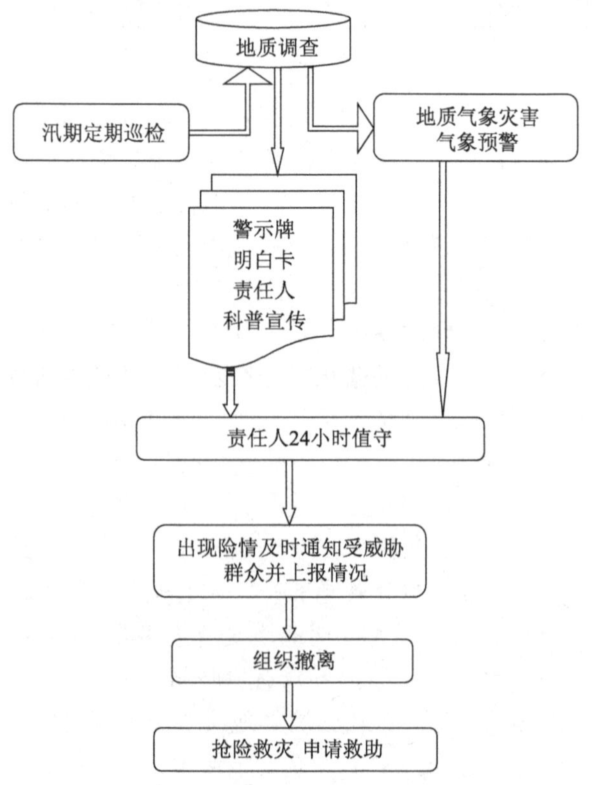

图 5.4　地质气象灾害群测群防运行实施流程图

5.3.1.3 取得的成就

自 1998 年以来，依靠群测群防，全国共成功避让地质气象灾害 2700 多起，及时转移了几百万人。我国在地质气象灾害群测群防工作方面取得以下几方面成效：

（1）颁布实施了《地质灾害防治条例》和地质灾害防治的地方性法规或规章，为地质气象灾害群测群防工作提供了法制保障，使我国地质气象灾害防治工作基本步入了法制化轨道。

（2）逐步建立完善了防治预案、防灾明白卡、隐患巡查、汛期值班、监测预报、灾情速报、应急处置等地质气象灾害群测群防制度，使群测群防工作有章可循。

（3）开展了以县为单位的地质气象灾害专项调查，基本查清了地质气象灾害隐患点、危险点分布，划定地质气象灾害易发区，确定群测群防点，落实监测责任制，建立了地质气象灾害群测群防体系。

（4）落实了群测群防的各项防灾制度和措施。各地建立了地质气象灾害监测员队伍，在汛期期间，有效预防了地质气象灾害的发生。

（5）国土资源部门同建设、水利、交通、铁道、旅游、教育等相关部门密切配合，促进了重大建设工程区、公路铁路沿线、旅游区、中小学校舍的地质气象灾害群测群防工作的有效开展。

（6）国土资源部门与气象部门联合开展地质气象灾害气象预报预警工作，在时间上将地质气象灾害群测群防的防线提前，为防灾赢得了宝贵时间。

（7）普及地质气象灾害防治基本知识的宣传，提高了地质气象灾害易发区、多发区干部群众的防灾意识和自救、互救能力。

5.3.1.4 努力的方向

虽然在群测群防中取得了一定的成绩，但是地质气象灾害作为一种突发性自然灾害，对人民的生命财产构成极大的威胁，仍不能掉以轻心，还应在以下几方面努力。

（1）国土资源部门要建立完善的防灾领导负责制，落实群测群防工作责任。推进地质气象灾害易发区的地方政府成立负责地质气象灾害群测群防工作的领导机构，将各处滑坡、泥石流、崩塌隐患点的防灾责任落实到单位和责任人。

（2）开展地质气象灾害普查，查清灾点。要根据《地质灾害防治条例》规定的地质气象灾害调查制度，组织开展调查，查清地质气象灾害的分布、发育状况，尽快在全国地质气象灾害易发区建立完善的地质气象灾害群测群防体系，有针对性地开展地质气象灾害预报预警工作。

（3）编制预案，明确群测群防工作程序。国土资源部门要编制本辖区内包含明确群测群防工作内容和程序的突发地质气象灾害应急预案，并组织实施。同时加大宣传，提高群众对应急预案的认知度，开展预案演练，确保预案具有可操作性。

（4）建立应急抢救队伍，加大群测群防工作力度。全国地质气象灾害多发区的县（市），应尽可能建立县、乡、村三级群测群防应急抢救队伍，确保群众性的应急抢救工作顺利进行。

（5）加强监测，推进群测群防工作到位。各级国土资源部门要定期或不定期地组织专业人员对本辖区的地质气象灾害进行调查巡查，促进县乡村三级群测群防监测网络的建立。

（6）有效地传递地质气象灾害气象预报预警信息。要充分利用国内现有的通信设施及时、快速地传递信息。除电视台、网络外，可以利用手机群发防灾信息提高群测群防的工作效率。

（7）开展群众性的地质气象灾害防治知识宣传培训，提高防治地质气象灾害能力。加强培训，使干部群众普遍知道灾害前兆、监测方法、报警方式、躲避路线等知识，促进群测群防体系的有效运行。

（8）推进地质气象灾害群测群防的科技创新，增加群测群防的科技含量。充分利用高科技，发挥科技人员作用，研制关于监测预警、灾情速报、信息发布、抢险救灾的先进管理软件和先进仪器设备，提高地质气象灾害群测群防的工作水平。

5.3.2 应急响应

根据《国家突发地质灾害应急预案》规定，地质灾害应急工作遵循分级响应程序，根据地质灾害的等级确定相应级别的应急机构。

（1）特大型地质灾害险情和灾情应急响应（Ⅰ级）

出现特大型地质灾害险情和特大型地质灾害灾情的县（市）、市（地、州）、省（区、市）人民政府立即启动相关的应急防治预案和应急指挥系统，部署本行政区域内的地质灾害应急防治与救灾工作。

地质灾害发生地的县级人民政府应当依照群测群防责任制的规定，立即将有关信息通知到地质灾害危险点的防灾责任人、监测人和该区域内的群众，对是否转移群众和采取的应急措施做出决策；及时划定地质灾害危险区，设立明显的危险区警示标志，确定预警信号和撤离路线，组织群众转移避让或采取排险防治措施，根据险情和灾情具体情况提出应急对策，情况危急时应强制组织受威胁群众避灾疏散。

特大型地质灾害险情和特大型地质灾害灾情的应急防治工作，在本省（区、市）人民政府的领导下，由本省（区、市）地质灾害应急防治指挥部具体指挥、协调、组织财政、建设、交通、水利、民政、气象等有关部门的专家和人员，及时赶赴现场，加强监测，采取应急措施，防止灾害进一步扩大，避免抢险救灾可能造成的二次人员伤亡。

国土资源部组织协调有关部门赴灾区现场指导应急防治工作，派出专家组调查地质灾害成因，分析其发展趋势，指导地方制订应急防治措施。

（2）大型地质灾害险情和灾情应急响应（Ⅱ级）

出现大型地质灾害险情和大型地质灾害灾情的县（市）、市（地、州）、省（区、市）人民政府立即启动相关的应急预案和应急指挥系统。

地质灾害发生地的县级人民政府应当依照群测群防责任制的规定，立即将有关信息通知到地质灾害危险点的防灾责任人、监测人和该区域内的群众，对是否转移群众和采取的应急措施做出决策；及时划定地质灾害危险区，设立明显的危险区警示标志，确定预警信号和撤离路线，组织群众转移避让或采取排险防治措施，根据险情和灾情具体情况提出应急对策，情况危急时应强制组织受威胁群众避灾疏散。

大型地质灾害险情和大型地质灾害灾情的应急工作，在本省（区、市）人民政府的领导下，由本省（区、市）地质灾害应急防治指挥部具体指挥、协调、组织财政、建设、交通、水利、民政、气象等有关部门的专家和人员，及时赶赴现场，加强监测，采取应急措施，防止灾害进一步扩大，避免抢险救灾可能造成的二次人员伤亡。

必要时，国土资源部派出工作组协助地方政府做好地质灾害的应急防治工作。

（3）中型地质灾害险情和灾情应急响应（Ⅲ级）

出现中型地质灾害险情和中型地质灾害灾情的县（市）、市（地、州）人民政府立即启动相关的应急预案和应急指挥系统。

地质灾害发生地的县级人民政府应当依照群测群防责任制的规定，立即将有关信息通知到地质灾害危险点的防灾责任人、监测人和该区域内的群众，对是否转移群众和采取的应急措施做出决策；及时划定地质灾害危险区，设立明显的危险区警示标志，确定预警信号和撤离路线，组织群众转移避让或采取排险防治措施，根据险情和灾情具体情况提出应急对策，情况危急时应强制组织受威胁群众避灾疏散。

中型地质灾害险情和中型地质灾害灾情的应急工作，在本市（地、州）

人民政府的领导下，由本市（地、州）地质灾害应急防治指挥部具体指挥、协调、组织建设、交通、水利、民政、气象等有关部门的专家和人员，及时赶赴现场，加强监测，采取应急措施，防止灾害进一步扩大，避免抢险救灾可能造成的二次人员伤亡。

必要时，灾害出现地的省（区、市）人民政府派出工作组赶赴灾害现场，协助市（地、州）人民政府做好地质灾害应急工作。

（4）小型地质灾害险情和灾情应急响应（Ⅳ级）

出现小型地质灾害险情和小型地质灾害灾情的县（市）人民政府立即启动相关的应急预案和应急指挥系统，依照群测群防责任制的规定，立即将有关信息通知到地质灾害危险点的防灾责任人、监测人和该区域内的群众，对是否转移群众和采取的应急措施作出决策；及时划定地质灾害危险区，设立明显的危险区警示标志，确定预警信号和撤离路线，组织群众转移避让或采取排险防治措施，根据险情和灾情具体情况提出应急对策，情况危急时应强制组织受威胁群众避灾疏散。

小型地质灾害险情和小型地质灾害灾情的应急工作，在本县（市）人民政府的领导下，由本县（市）地质灾害应急指挥部具体指挥、协调、组织建设、交通、水利、民政、气象等有关部门的专家和人员，及时赶赴现场，加强监测，采取应急措施，防止灾害进一步扩大，避免抢险救灾可能造成的二次人员伤亡。

必要时，灾害出现地的市（地、州）人民政府派出工作组赶赴灾害现场，协助县（市）人民政府做好地质灾害应急工作。

经专家组鉴定地质灾害险情或灾情已消除，或者得到有效控制后，当地县级人民政府撤销划定的地质灾害危险区，应急响应结束。

5.3.3 减灾管理

我国对于地质灾害的防治非常重视，2003 年国务院总理温家宝签署 394 号国务院令，公布《地质灾害防治条例》，并从 2004 年 3 月 1 日起施行。条例规定了包括将地质灾害防治工作纳入国民经济和社会发展计划、国家实行地质灾害调查制度、建立健全国家地质灾害监测网络和预警信息系统、地质灾害易发区实行工程建设项目地质灾害危险性评估、国家对从事地质灾害危险性评估的单位实行资质管理制度等在内的一系列内容，从而将我国的地质灾害管理纳入了法治化的管理轨道。2003 年，国土资源部和中国气象局联合开展了全国汛期地质灾害气象预报预警工作，并于当年的 6 月 1 日正式在中央电视台发布地质气象灾害预报预警信息。上述措施对于减少地质气象灾害财产损失和人员伤亡起到了积极的作用。

5.3.3.1 部门责任与协调机制

国务院国土资源行政主管部门负责全国地质灾害应急防治工作的组织、协调、指导和监督。

出现超出事发地省级人民政府处置能力，需要由国务院负责处置的特大型地质灾害时，根据国务院国土资源行政主管部门的建议，国务院可以成立临时性的地质灾害应急防治总指挥部，负责特大型地质灾害应急防治工作的指挥和部署。

省级人民政府可以参照国务院地质灾害应急防治总指挥部的组成和职责，结合本地实际情况成立相应的地质灾害应急防治指挥部。

发生地质灾害或者出现地质灾害险情时，相关市、县人民政府可以根据地质灾害抢险救灾的需要，成立地质灾害抢险救灾指挥机构。

对引发地质灾害的单位和个人的责任追究，按照《地质灾害防治条例》相关规定处理；对地质灾害应急防治中失职、渎职的有关人员按国家有关法律、法规追究责任。

5.3.3.2 灾情收集与上报

根据《国家突发地质灾害应急预案》规定，县级人民政府国土资源主管部门接到当地出现特大型、大型地质灾害报告后，应在 4 小时内速报县级人民政府和市级人民政府国土资源主管部门，同时可直接速报省级人民政府国土资源主管部门和国务院国土资源主管部门。国土资源部接到特大型、大型地质灾害险情和灾情报告后，应立即向国务院报告。

县级人民政府国土资源主管部门接到当地出现中、小型地质灾害报告后，应在 12 小时内速报县级人民政府和市级人民政府国土资源主管部门，同时可直接速报省级人民政府国土资源主管部门。

灾害速报的内容主要包括地质灾害险情或灾情出现的地点和时间、地质灾害类型、灾害体的规模、可能的引发因素和发展趋势等。对已发生的地质灾害，速报内容还要包括伤亡和失踪的人数以及造成的直接经济损失。

地质灾害按危害程度和规模大小分为特大型、大型、中型、小型地质灾害险情和地质灾害灾情四级：

（1）特大型地质灾害险情和灾情（Ⅰ级）

受灾害威胁，需搬迁转移人数在 1000 人以上或潜在可能造成的经济损失 1 亿元以上的地质灾害险情为特大型地质灾害险情。

因灾死亡 30 人以上或因灾造成直接经济损失 1000 万元以上的地质灾害

灾情为特大型地质灾害灾情。

（2）大型地质灾害险情和灾情（Ⅱ级）

受灾害威胁，需搬迁转移人数在500人以上、1000人以下，或潜在经济损失5000万元以上、1亿元以下的地质灾害险情为大型地质灾害险情。

因灾死亡10人以上、30人以下，或因灾造成直接经济损失500万元以上、1000万元以下的地质灾害灾情为大型地质灾害灾情。

（3）中型地质灾害险情和灾情（Ⅲ级）

受灾害威胁，需搬迁转移人数在100人以上、500人以下，或潜在经济损失500万元以上、5000万元以下的地质灾害险情为中型地质灾害险情。

因灾死亡3人以上、10人以下，或因灾造成直接经济损失100万元以上、500万元以下的地质灾害灾情为中型地质灾害灾情。

（4）小型地质灾害险情和灾情（Ⅳ级）

受灾害威胁，需搬迁转移人数在100人以下，或潜在经济损失500万元以下的地质灾害险情为小型地质灾害险情。

因灾死亡3人以下，或因灾造成直接经济损失100万元以下的地质灾害灾情为小型地质灾害灾情。

5.3.4 法规建设

地质灾害防治工作很多属于公益性质，常常涉及到方方面面的利害关系，需要有相应的政策、法规去加以协调；有赖于群众去实施的地质灾害防治措施，也需要有相应的政策、法规去推动、管理；地质灾害防治工作的管理要依靠各级政府和有关行业，需要明确各自的职责关系和工作制度。因此，必须建立健全地质灾害防治工作的管理体系和规章制度，并制定和完善有关的政策、法规，以便通过行政手段动员保证防治工作的顺利实施。

1999年国土资源部发布了《地质灾害防治管理办法》，《地质灾害防治管理办法》在对地质灾害防治、责任、惩罚等方面都做出了相应的规定，其核心内容就是“群测、群防、群治”，但时至今日已不能适应依法治理地质灾害的需要。现在一些地质灾害严重的地方政府虽然能在“群测、群防、群治”上狠下工夫，但这仍然不能解决实际问题。比如，“群测”，尽管当地政府安排了人员定点监测，但是一般都没有电子监测，完全靠人员蹲守这种原始的工作方法，一旦发生地质灾害，这些监测人员的生命必将受到严重威胁；“群防”实际上成为了群众要有防范意识、有危险抓紧撤离的代名词；而“群治”除了有些当地政府重视，安排人员监测之外，实际上也是无人而“治”、无钱而“治”，因为国家没有相关的防治资金，“群治”也就成为一句空话。中国科学院地质灾害研究所研究员胡瑞林指出：“在没有地质灾害专项防治资金的状况下，整个中国都处于一种救火状态”。有些地质灾害不是不可以预防、不可以治理的，但是由于没有大量的资金投入，这些灾害还是不可避免地发生了。在我国，出现地质灾害的地方多是贫困地区，如果靠当地政府的资金，显然无法解决问题，这需要国家的法律作出相应的规定。法律的缺位给预防、治理地质灾害带来了更大的困难，一些地方政府在防治地质灾害的时候，往往要钱无钱、要人无人。与地震、洪水等特大自然灾害一样，地质灾害也同样需要法律的支持。

2003 年，国务院颁布《地质灾害防治条例》，对于推进我国地质灾害防治工作有着积极的意义。但是，我们也应该清醒地看到，我国地质灾害防治工作任重道远，就法规建设而言，也还有许多工作要做，还有许多欠缺需要弥补。

为此，各省市都在国家《地质灾害防治条例》基础上结合当地实际开展地质灾害防治方面的法律法规建设，并取得了一定的成效。如重庆市政府出台了《重庆市地质灾害防治管理办法》等。

5.4 地质气象灾害防治的工程措施

5.4.1 岩土工程措施

地质气象灾害岩土防治工程措施分为非结构性措施和结构性措施两类。非结构性措施指排水工程、削方减载工程；结构性措施指抗滑桩工程、重力式抗滑挡土墙工程、预应力锚索工程、格构锚固工程、护坡工程等。

滑坡治理应考虑滑坡类型、成因、水文地质和工程地质条件的变化、滑坡稳定性、滑坡区建（构）筑物和施工影响等因素，分析滑坡的有利和不利因素、发展趋势及危害性，采用抗滑桩工程、重力式抗滑挡土墙工程、预应力锚索工程、排水工程、削方减载工程等进行综合治理。

危岩治理应根据危岩类型、破坏特征、工程地质和水文地质条件等因素采取综合措施，常用的治理工程主要有锚固工程、支撑工程、喷浆与灌浆工程、栏护网工程、拦截构筑物工程、排水工程等。

塌岸防治应根据塌岸带的岩土体类型、水动力条件、塌岸方式等因素采取综合措施，常用的治理工程主要有护坡工程、格构锚固工程、抗滑桩工程、重力式抗滑挡土墙工程、排水工程等。

5.4.1.1 抗滑桩

抗滑桩可用于稳定滑坡、加固山体。抗滑桩的设置必须满足下列要求：

（1）提高滑坡体的稳定系数，达到规定的安全值；

（2）保证滑坡体不越过桩顶或从桩间滑动；

（3）不产生新的深层滑动。

抗滑桩的桩位应设在滑坡体较薄、锚固段地基强度较高的地段，其平面布置、桩间距、桩长和截面尺寸等的确定，应综合考虑达到经济合理。

5.4.1.2 排水工程

排水工程设计，应在滑坡防治总体方案基础上，结合工程地质、地下水和降雨条件及本区生态环境，制定地表排水、地下排水及二者相结合方案。

地表排水工程的设计标准，应根据防护对象等级所确定的防洪标准予以确定，并依此确定排水工程建筑物级别、安全超高及设计标准。

当滑坡体上存在地表水体且必须保留时，应进行防渗处理，并与拟建排水系统相接。

地下排水工程，应视滑动面状况、滑坡所在山坡汇水范围内的含水层与隔水层水文地质结构及地下水动态特征，选用以隧硐排水、钻孔排水或者盲沟（硐）排水等方案。

地表排水工程，应根据滑坡规模、范围及其重要程度，准确、合理地选定设计标准，即选定某一降雨频率作为计算流量的标准。将大于设计标准或在非常情况下使工程仍能发挥其原有作用的安全标准，作为校核标准。

5.4.1.3 削方减载工程

削方减载一般包括滑坡后缘减载、表层滑体或变形体的清除、削坡降低坡度以及设置马道等。削方减载对于滑坡稳定系数的提高值可以作为设计依据。

当堆积体或土质边坡高度超过 10 m 时，须设马道放坡；当岩质边坡高度超过 20 m 时，须设马道放坡。当开挖高度大时，宜沿滑坡倾向设置多级马道，沿马道应设横向排水沟。边坡开挖设计时，应确定纵向排水沟位置，并且与城市或公路排水系统衔接。

5.4.1.4 回填压脚工程

回填压脚采用土石等材料堆填滑坡体前缘，以增加滑坡抗滑能力，提高其稳定性。当滑坡剪出口位于库（江）水位之下且地形较为平坦时，回填压脚将具有提高滑坡稳定性、保护库岸、增加土地和处理弃渣等综合功效。

回填体应经过专门设计，其对于滑坡稳定系数的提高值可作为工程设计依据；未经专门设计的回填体，其对于安全系数的提高值不得作为设计依据，但可作为安全储备加以考虑。

5.4.1.5 重力式抗滑挡土墙

根据墙背倾斜情况，重力式挡墙可分为俯斜式挡墙、仰斜式挡墙、直立式挡墙和衡重式挡墙以及其他形式挡墙。

采用重力式挡墙时，土质边坡高度不宜大于8 m，岩质边坡高度不宜大于10 m。

对变形有严格要求的边坡和开挖土石方危及边坡稳定的边坡宜采用重力式挡墙，开挖土石方危及相邻建筑物安全的边坡不应采用重力式挡墙。

重力式挡墙类型应根据使用要求、地形和施工条件综合考虑确定，对岩质边坡和挖方形成的土质边坡宜采用仰斜式，高度较大的土质边坡宜采用衡重式或仰斜式。

5.4.1.6 格构锚固

格构锚固技术是利用浆砌块石、现浇钢筋混凝土或预制预应力混凝土进行坡面防护，并利用锚杆或锚索固定的一种滑坡综合防护措施。

格构技术应与美化环境相结合，利用框格护坡，并在框格之间种植花草，达到美化环境的目的。同时，应与市政规划、建设相结合，在防护工程前沿可规划为道路、广场或其他建设用地，在护坡工程体内可预留管网通道。

根据滑坡结构特征，选定不同的护坡材料：

(1) 当滑坡稳定性好，但前缘表层开挖失稳出现坍滑时，可采用浆砌块石格构护坡，并用锚杆固定。

(2) 当滑坡稳定性差且滑坡体厚度不大，可用现浇钢筋混凝土格构加锚杆（索）进行滑坡防护，锚杆（索）须穿过滑带对滑坡阻滑。

(3) 当滑坡稳定性差且滑坡体较厚、下滑力较大时，可采用混凝土格构加预应力锚索进行防护，预应力锚索须穿过滑带对滑坡阻滑。

5.4.1.7 预应力锚索

预应力锚索可用于土质、岩质地层的边坡及地基加固，其锚固段宜置于稳定岩层内。

预应力锚索应采用高强度低松弛钢绞线制作，钢绞线必须符合现行国家标准《预应力混凝土用钢绞线》（GB5224—2003）的规定。对有机械损伤、严重锈蚀、电烧伤等造成强度降低的锚索材料，在施工中不得采用。

预应力锚索永久性防护涂层材料必须满足以下各项要求：

(1) 对钢绞线具有防腐蚀作用；

（2）对钢绞线有牢固的黏结性，且无有害反应；

（3）能与钢绞线同步变形，在高应力状态下不脱壳、不裂；

（4）具有较好的化学稳定性，在强碱条件下不降低其耐久性；

（5）便于施工操作。

5.4.1.8 护坡工程

护坡设计应按照设计、施工与养护相结合的原则，深入调查研究，根据当地气候环境、工程地质和材料等情况，因地制宜，就地取材，对不同坡段或同一坡面的不同部位可选用不同的护坡型式，采取综合措施，以保证斜坡的稳固。

在不良的气候和水文条件下，对粉砂、细砂与易于风化的岩石边坡，均宜在土石方施工完成后及时防护。

护坡一般不考虑边坡地层的侧压力，故要求防护的边坡有足够的稳定性。

对高而陡的防护构造物，设计时要考虑便于维修检查用的安全设施。

5.4.1.9 锚杆（索）

锚杆（索）为拉力型锚杆，适用于岩质边坡、土质边坡、岩石基坑以及建（构）筑物锚固的设计、施工和试验。

锚杆使用年限应与所服务的建筑物使用年限相同，其防腐等级也应达到相应的要求。

5.4.2 生态工程措施

山体滑坡和泥石流地质气象灾害的发生通常与当地的地质条件、植被和降水有密切的关系。通常在不合理的人类活动中造成生态环境的破坏，为滑坡和泥石流的产生创造了条件。在地质气象灾害防治工程措施中除了岩土工程措施外，生态工程措施也是一种很有效的防治措施。

所谓生态工程是指应用生态学、经济学有关理论和系统论的方法以生态环境保护与社会经济协同发展为目的（也可叫可持续发展），对人工生态系统、人类社会生态环境和资源进行保护、改造、治理、调控、建设的综合工艺技术体系或综合工艺过程。

在地质气象灾害生态防治中主要是通过陡坡地退耕还林、调整农业结构、扩大自然保护区面积等措施，积极促进天然植被的恢复，改善区域生态环境质量。

5.4.2.1 加强管理禁止乱采滥伐

山体滑坡和泥石流地质气象灾害的发生通常与当地的地质条件、植被和降水有密切的关系。通常在不合理的人类活动中造成生态环境的破坏，为滑坡和泥石流的产生创造了条件。因此加强管理，禁止乱采滥伐是保护环境的有力措施。

严禁在生态功能保护区、自然保护区、风景名胜区、森林公园内采矿。严禁在崩塌滑坡危险区、泥石流易发区和易导致自然景观破坏的区域采石、采砂、取土。矿产资源开发利用必须严格规划管理，开发应选取有利于生态环境保护的工期、区域和方式，把开发活动对生态环境的破坏减少到最低限度。矿产资源开发必须防止次生地质气象灾害的发生。在沿江、沿河、沿湖、沿库、沿海地区开采矿产资源，必须落实生态环境保护措施，尽量避免和减少对生态环境的破坏。已造成破坏的，开发者必须限期恢复。已停止采矿或关闭的矿山、坑口，必须及时做好土地复垦。

5.4.2.2 植树造林改善生态环境

无论是山体滑坡还是泥石流都会局部地破坏该区域的天然植被，如果依靠自然营造力作用来恢复植被不仅过程漫长，而且还会造成新的水土流失。因此加强生态环境保护，通过陡坡地退耕还林、还草，扩大林、草覆盖面积等生态工程措施，减轻土壤侵蚀，抑制滑坡、泥石流发展。

利用工程技术进行泥石流防治当然是比较直接的方式，发达国家都是这么做的。但单纯的工程措施投入较大，在中国经济条件有限，尤其是山区经济发展条件不太好的情况下，应通过工程措施与生态工程措施相结合的方式降低泥石流防治的成本。

从科学的角度讲，不同地区的泥石流有不同的特点，相应的治理措施也应有所不同。在以坡面侵蚀及沟谷侵蚀为主的泥石流地区，应以生态工程措施为主、辅以工程措施；在崩塌、滑坡强烈活动的泥石流区，则应以工程措施为主，兼用生态工程措施；而在坡面侵蚀和重力侵蚀兼有的泥石流地区，则以综合治理效果最佳。

其中，泥石流防治的生态工程措施包括恢复植被和合理耕牧。一般采用乔木、灌木、草本等植物进行科学的配置与营造，充分发挥其滞留降水、保持水土、调节径流等功能，从而达到预防和制止泥石流发生或减小泥石流规模、减轻其危害程度的目的。生态工程措施一般需要在泥石流沟的全流域实施，对宜林荒坡更需采取此种措施。

与泥石流工程防治措施相比较，生态工程防治措施具有应用范围广、投资省、风险小、促进生态平稳、改善自然环境条件、提高生产效益以及防治作用持续时间长的特点。生态工程措施包括林业措施、农业措施和牧业措施等各种措施，通常在同一流域内随地形、坡度、土层厚度及其他条件的变化而因地制宜加以布置。

不过，生态工程措施的初期效益一般不够显著，需三五年或更长一些时间才可发挥明显作用，在一些滑坡、崩塌等重力侵蚀现象严重地段，单独依靠生物措施不能解决问题，还需与工程措施相结合才能产生明显的防治效能。

5.5 地质气象灾害综合治理实例

5.5.1 三峡库区淹没线以下的山体滑坡治理工程

三峡库区是我国地质气象灾害多发区，对地质气象灾害进行有效防治，是三峡工程顺利进行的重要保障，也是保护三峡库区地质环境，减少和防止地质气象灾害发生的重要举措。为此，自 2001 年以来，国家投入巨资分两期对三峡库区淹没线以下的山体滑坡进行了治理。到 2007 年年底，三峡库区已经对 715 处地质气象灾害隐患点实施工程治理，治理塌岸 108 km，全部工程项目于 2008 年 8 月完成；对 250 处地质气象灾害点的 22036 名群众进行了搬迁。自三峡工程蓄水以来，通过了国家级验收的地质气象灾害治理工程经受住了蓄水、暴雨和洪水的考验。

在开展三峡库区地质气象灾害治理工程的同时，还建立了地质气象灾害预警监测网，已建立地质气象灾害群测群防点 2516 处，其中 183 处为专业监测，重点对新县城、移民新场镇、交通干线及重要基础设施、农村居民集中点进行监测。

同时国土资源部会同相关单位着力研究地质气象灾害的监测手段，引进了一批先进技术，在重点地区建立了崩塌、滑坡、泥石流及地面沉降 GPS 监测网。库区各镇、村同时组织了群众协助监测。近年来，这一预警系统已经成功预报了地质气象灾害数百起，成为一张及时、可靠的“安全网”。

5.5.2 云南东川泥石流综合治理工程

云南东川是我国泥石流灾害最严重的地区之一，也是开展泥石流研究和防治工作最早、防治成效最突出的区域之一。东川泥石流防治始于 20 世纪 50 年代末。1957—1963 年期间，铁道部第二勘测设计院组织专业队伍，针对当时东川铁路支线遭受泥石流危害而无法使用的现状，对东川泥石流进行了连续七年的观测试验工作。铁道兵、昆明铁路局科研所、铁道科学研究院西南研究所和东川矿务局等单位也参与了相关的研究。此次研究在大白泥沟、小白泥沟、老干沟等 13 个沟设置了观测点，并在 66 km 长的江段观测小江河床上涨情况，为后期东川泥石流的整治提供了依据，积累了宝贵的资料。1967年中国科学院组织院内外20多个单位150多人参加的多学科泥石流工作组，分三队对包括东川在内的西南地区泥石流进行了综合考察研究。此后，包括中国科学院兰州冰川冻土沙漠研究所、东川矿务局、北京大学地质地理系、东川泥石流队、东川市养护三团、东川市农林局、城建局等单位又先后数次开展了一系列的相关考察和研究。1976年5—9月，中国科学院兰州冰川冻土沙漠研究所与东川市小江整治办公室合作，在上述一系列研究的基础上，对危害东川市区较严重的大桥河泥石流进行了调查、勘测和设计工作，提出了大桥河泥石流综合治理方案和初步设计，经过三年的施工，最终完成了东川地区第一个泥石流综合治理试验点。该试点工程采用了工程措施与生物水保措施相结合，工程先行、生物水保紧跟，固、拦、排、淤相结合以及沟床上修建群坝互为依托的治理方案。经过几年的连续治理，遏制了泥石流的发展，减轻了灾害，并在荒石滩地上新开垦良田246.7 hm^2，保护农田893.3 hm^2，经济效益显著。

此后，兰州冰川冻土沙漠研究所（1978年以前）、中科院成都山地灾害与环境研究所（1979年至今）会同全国各地的泥石流研究人员，与东川当地工程技术人员通力合作，以东川地区和小江流域为基地，以蒋家沟、大桥河、大小白泥沟、东川市后山5条沟为基点，实施了点面结合的多学科综合性的区域泥石流考察、典型沟与重灾沟泥石流观测试验、泥石流综合防治规划与设计方案会商研究、重灾点重灾区的泥石流防灾减灾工程实践（包括应急工程、试点工程、示范工程）以及预测预警系统的全方位、多系列的研究，通过40多年的科学实践和防灾实践所摸索出来的一条龙的泥石流工作模式，终于在我国泥石流发育最为典型、成灾最为严重的东川地区获得了可喜的成果。不仅取得了显著的防灾减灾效益（保护了10万人口，几十亿财产的安全），还有效地促进了生态恢复、环境优化和山区经济发展，同时也为国家培养了一大批泥石流科学技术人才。东川泥石流的科研成果和防灾减灾成效，受到了国内外泥石流研究同行的高度赞誉，受到了国家各级政府的肯定和嘉奖，人们把在东川所实施的这种全系列的泥石流工作模式誉为“东川模式”。其中突出的技术措施有：

（1）首先提出“稳、拦、排”的泥石流治理思路。“稳”即在泥石流的形成区封山育草、植树造林，减弱地表径流，防止坡面侵蚀，在支沟中采用谷坊群稳沟，防止沟道下塌；对滑坡体采用截流排水，防止水渗透，从而达到“固土稳坡”的作用。“拦”即在泥石流的主沟床中，选择有利地形构筑拦挡坝，拦蓄泥沙，减缓沟床纵坡，提高沟床的侵蚀基准面，从而实现“固脚稳坡、水土分离”。“排”即在泥石流堆积区，修建排导槽，束水攻砂，以求保护城镇和重要生产设施，充分开发和利用土地。

(2) 总结出了“东川排导槽”（又称“肋槛式排导槽”）。在排导槽的两边墙之间增设了防冲“肋槛”，肋槛的密度和间距依据对泥石流主沟床的纵坡计算而确定，即“左边墙—防冲肋—右边墙”连接成一体，两边墙与防冲肋呈互相保护之态势，极大地提高了抗泥石流底蚀和侧蚀的强度，既节约了工程量，减少了工程维护费，排导效果又非常好。

至 2007 年年底，东川市先后对蒋家沟、因民沟、小水沟、大桥河、尼拉姑沟、石羊沟、老干沟、达德河、黑水河、黑沙沟、旺家箐、小石洞、吊嘎河、拖沓沟等 16 条泥石流沟进行治理，结合东川公路改造的竣工，一是充分保防了城市、矿山的安全；二是维护和保证了公路运输的畅通，促进了地区经济的发展；三是为 1994 年年底东川铁路支线改线工程的开工，创造了良好的条件。防治工程截至 1997 年年底，累计共投入治理资金 6625 万元，植树造林、封山育林 42000 hm^2，植树 1216.8 万株，建成泥石流拦档坝 60 座，固床坝 102 座，谷坊坝 915 道，截流沟 14.7 km，护堤 4.3 km，排导槽 27.3 km，拦蓄泥沙量达 3345.1 万 m^3，荒滩造田 14000 hm^2，保护农田 933 hm^2，控制水土流失面积 150 km^2。

在对东川泥石流防治的长期理论研究和实践工作中，科研人员提出了泥石流防治的基本原则，即“全面规划，统筹兼顾”、“大环境着眼，小流域入手”、“突出重点，抓住要害”的基本原则和三层次的防灾模式，即以城市（含工矿区）泥石流防护为先导；以交通（含水利水电设施）泥石流防护为重点；以农田（含村寨乡镇区）泥石流防护为基础。在防治对策上，城市工矿区以综合防治为目标，并加强预测预报和临灾报警工作，建立完整的防治体系；交通水利枢纽区以工程防治为主，辅以必要的生物水保措施；农田村寨区以生物水保措施为主，辅以必要的工程防护措施。这些经验无论在理论和实践上都是富有指导意义的创新性成果，当前气候变化大环境和泥石流灾害加剧的态势下对进一步加强我国泥石流工作的成效具有积极的借鉴和参考价值（陈学明等 1996）。

地质气象灾害监测

6.1 地质气象灾害监测技术

6.1.1 地质气象灾害监测现状

20世纪80年代以来，国外地质灾害监测取得了长足进展，特别是1990年以来，泥石流、滑坡监测技术日益成熟，多种常规、成熟的监测技术已在泥石流、滑坡监测中广泛应用。同时以3S技术、自动化监测系统集成技术、网络通信技术等为代表的先进技术，为滑坡、泥石流的监测和预警预报提供了强有力的支撑。

6.1.2 泥石流监测技术

目前在实际应用中对泥石流的监测主要有常规自动化监测和遥感监测两种方式。

6.1.2.1 泥石流自动化监测

泥石流自动化监测系统是由地声遥测、泥位遥测、雨量遥测、冲击力遥测和监测中心等组成，共同对泥石流进行监测。它既可以全自动监测预报泥石流的暴发，还能够实时、全程地监测和收集有关泥石流形成、运动规律、灾害程度等多方面的信息数据。

（1）泥石流地声监测

泥石流发生后会摩擦、撞击、侵蚀沟床及沟岸而产生振动并沿沟床方向传播，称之为泥石流地声。泥石流地声监测就是根据泥石流地声的物理特点，将泥石流地声监测器安置在易发生泥石流的基岩岸壁。地声监测器监测到地声信号后，首先经前置放大器放大再进入微机。微机对泥石流地声数据进行采集，并应用处理程序进行监测资料的统计、波形及频谱分析，经自动判定频率、幅值及时间后，判定是否发出泥石流报警。

（2）泥石流泥位监测

由于泥石流的泥位深度能够直观地反映泥石流的暴发与否、规模大小和可能危害程度，因而，可以利用泥位对泥石流进行监测。目前泥位的监测有两种，分别是接触型泥石流警报传感器监测和超声波泥位监测。

接触型泥石流报警传感器监测。由于泥石流是多相混合流体，具有重复性活动的特点，因而可以预先在泥石流沟谷中安装接触型泥石流报警传感器，监测传感器（安装在泥石流断面侧壁的盆形凹槽中）被泥石流淹没之前的高电位和传感器被泥石流体淹没后电位，根据两电位之间的差异来判别传感器是否被淹没从而确定泥石流是否发生及发生的规模。

超声波泥位监测。泥石流泥位监测和报警与泥石流的暴发及运动特征有关。泥石流的暴发具有突发性，同时又有阵性的特征，往往头几阵规模较大，这同洪水过程完全不同，前者是高陡的阵流，而后者是由小到大再由大到小的连续过程。因此可以根据上述特征来判定所测到的深度是泥石流还是洪水过程。

6.1.2.2 泥石流遥感监测

在常规泥石流监测中，由于耗时多、工作量大和资金投入多等因素，无法满足宏观调查和监测的需要。因此为了提高防灾减灾水平，需要考虑采用较传统地面调查方法更经济适用的其他技术方法。利用遥感监测技术监测泥石流就表现出其强大的优势。依靠遥感技术、全球定位系统和地理信息技术等技术来获得、提取与泥石流有关的信息具有高效、快速、动态性、全天候、宏观性等诸多优点。

国外泥石流调查技术经过20～30年的发展，已基本形成了工程化技术，在泥石流遥感识别、分类、编目及制作相应的图件方面都有成熟的技术和经验。我国的泥石流遥感调查技术是在山区大型工程建设服务中逐渐发展起来的，目的是为这些大型工程的可行性研究确定泥石流的类型和分布范围，评估潜在的危害程度，并提供地质环境基础资料。

6.1.3 滑坡监测技术

滑坡是一种常见的山区地质灾害，对滑坡的监测实际上就是对滑坡稳定性外部环境的监测。目前在实际应用中对滑坡的监测主要有人工观测和卫星遥感监测两种方式，但随着科学技术的发展，一些新的技术和方法也逐渐引入滑坡监测，如利用位相测量剖面术对滑坡地表位移和形变的监测、核磁共振技术应用于滑坡监测等。

6.1.3.1 滑坡人工观测

滑坡监测包括滑坡体整体变形监测，滑坡体内应力应变监测，外部环境监测如降雨量、地下水位监测等。变形监测是其中的重要内容，也是判断滑坡的重要依据。以往变形监测方法是用常规大地测量方法，即：平面位移采用经纬仪导线或三角测量方法，高程用水准测量方法。20 世纪 80 年代中期出现全站仪以后，利用全站仪导线和电磁波测距三角高程方法进行变形监测。上述方法都需要人到现场观测，称为人工监测。

（1）简易排桩法观测

简易排桩法观测原理主要是沿每一滑坡体主滑方向布设一条或多条由钢筋混凝土制作的标桩，同时在滑坡体外布设一标桩作为参照，记录下滑坡体上标桩与参照标桩的距离。根据实际情况定期或不定期人工观测滑坡体上标桩与参照标桩之间距离的位移变化，作出位移与时间的关系曲线，从而作出滑坡的发展变化以及发展趋势的分析。简易排桩法观测是滑坡的主要监测手段，具有设备简单、容易掌握、经济、直观等特点。观测结果是对滑坡地表水平位移、垂直位移变化量大小、滑坡动态的直接反应，用于各种滑坡的蠕滑阶段和滑动阶段。

（2）位移计观测

滑坡体的运动变化首先在滑坡后缘产生拉张裂缝。位移计主要用于这种后缘拉张裂缝的观测，其原理主要是将位移传感器安装在滑坡体后缘裂缝上，人工用测表定期或不定期观测滑坡位移变化情况。此法观测精度高、安装简单、易操作，主要适宜于岩质滑坡、岩崩以及滑坡体蠕滑变形等。观测结果可用于滑坡发展趋势的分析。

（3）三角交会法观测

三角交会法观测原理是在可能剧滑的滑坡体上及通视条件好的部位，设置固定观测标桩，埋设或直接在岩石上刻制，同时找至少两个通视条件好且组成的夹角其任意一角不小于 30°的控制点埋设标桩。交会三角形的边长最好在 300～500 m，同时还应注意相邻两点间的倾角尽量小（即两点间的高程愈近愈好）。采用经纬仪、水准仪定点、定期观测标桩的水平和垂直位移，通过计算算出滑坡体水平与垂直位移量及滑移速度，分析滑坡的滑动特征。

6.1.3.2 滑坡的遥感监测

滑坡的遥感监测主要有 GPS 监测和 InSAR 监测。

（1）GPS 监测

GPS（Global Positioning System，全球定位系统）是美国从 20 世纪 70

年代开始研制，历时 20 年，耗资 200 亿美元，于 1994 年全面建成，具有在海、陆、空进行全方位实时三维导航与定位能力的新一代卫星导航与定位系统。GPS 系统包括三大部分：GPS 卫星星座、地面监控系统、GPS 信号接收机。

经近 10 年我国测绘等部门的使用表明，GPS 以全天候、高精度、自动化、高效益等显著特点，赢得广大测绘工作者的信赖。同时由于 GPS 能提供高精度的三维信息，而且能方便地测量变形体相对于变形区外稳定点的变形，在变形测量中有广阔的应用前景，因而比较方便地应用于滑坡体的监测。

用 GPS 监测变形的方法是：以坐标、距离或角度为基础，新值与初始坐标之差反映目标的运动。

利用 GPS 定位技术进行滑坡等地质灾害监测时具有下列优点：

①测站间无需保持通视。由于 GPS 定位时测站间不需要保持通视，因而可使变形监测网的布设更为自由、方便。可省略许多中间过渡点（采用常规大地测量方法进行变形监测时，为传递坐标经常要设立许多中间过渡点），且不必建标，从而可节省大量的人力物力。

②可同时测定点的三维位移。采用传统的大地测量方法进行变形监测时，平面位移通常是用方向交汇、距离交汇、全站仪极坐标法等手段来测定；而垂直位移一般采用精密水准测量的方法来测定。水平位移和垂直位移的分别测定增加了工作量，且在地势陡峻地区进行地质灾害监测时进行精密水准测量也极为困难。改用三角高程测量来测定垂直位移时，精度不够理想，而利用 GPS 定位技术来进行变形监测时则可同时测定点的三维位移。由于我们关心的只是点位的变化，故垂直位移的监测完全可以在大地高系统中进行，这样就可以避免将大地高转换为正常高时由于高程异常的误差而造成的精度损失。虽然采用 GPS 定位技术来进行变形监测时垂直位移的精度一般不如水平位移的精度好，但采取适当措施后仍可满足要求。

③全天候观测。GPS 测量不受气候条件的限制，在风雪雨雾中仍能进行观测。这一点对于汛期的崩塌、滑坡、泥石流等地质灾害监测是非常有利的。

④易于实现全系统的自动化。由于 GPS 接收机的数据采集工作是自动进行的，而且接收机又为用户预备了必要的入口，故用户可以较为方便地把 GPS 变形监测系统建成无人值守的全自动化的监测系统。这种系统不但可保证长期连续运行，而且可大幅度降低变形监测成本，提高监测资料的可靠性。

⑤可以获得毫米级精度。毫米级的精度已可满足一般崩滑体变形监测的精度要求。需要更高的监测精度时应增加观测时间和时段数。

正因为 GPS 定位技术具有上述优点，因而在滑坡、崩塌、泥石流等地质灾害的监测中得到了广泛应用，成为一种新的有效的监测手段。

利用 GPS 定位技术进行地质灾害监测时也存在一些不足之处，主要表现在以下几个方面：

①点位选择的自由度较低。为保证 GPS 测量的正常进行和定位精度，在 GPS 测量规范中对测站周围的环境作出了一系列的规定。如测站周围高度角 15°以上不允许存在成片的障碍物；测站离高压线、变压器、无线电台、电视台、微波中继站等信号干扰物和强信号源有一定的距离（例如 200～400 m）；测站周围也不允许有房屋、围墙、广告牌、山坡、大面积水域等信号反射物，以避免多路径误差。但在崩塌滑坡体的变形监测中上述要求往往难以满足，因为监测点的位置通常是由地质人员根据滑坡、断层的地质构造和受力情况而定，有时又要考虑利用老的观测墩和控制点，测量人员的选择余地不大，从而使不少变形监测点的观测条件欠佳。

②整体环境对 GPS 观测不利。崩塌、滑坡、泥石流等地质灾害往往发生在地势陡峻的山区，尤其是江河两岸和峡谷地区。在这些地区进行 GPS 测量时，视场往往较为狭窄，大量卫星被山坡遮挡，而且多路径误差较为严重，使 GPS 定位精度较正常情况差。

③函数关系复杂，误差源多。与倾斜仪和传统大地测量等变形监测手段相比，GPS 定位结果和观测值之间的函数关系要复杂得多，误差源也要多得多。在 GPS 定位中基准站与变形监测点之间的坐标差是依据两站的载波相位观测值和卫星星历经过复杂计算后求得的，定位结果受卫星星历误差、卫星钟差、接收机钟差、对流层延迟、电离层延迟、多路径误差、接收机的测量噪声以及数据处理软件本身的质量等多种因素的影响。在数据处理过程中还将涉及周跳的探测及修复、整周模糊度的确定等一系列问题，其中任一环节处理不好都将影响最终的监测精度。此外接收机天线相位中心的不够稳定也是影响监测精度的一个重要原因。

综上所述，通过国内外实测试验与研究，证明在滑坡监测时，完全可用 GPS 来代替常规的外场观测方法，且在精度、速度、时效性、效益等方面都优于常规方法。GPS 进行滑坡监测是一种比较实用有效的方法，从国内外许多应用实例来看均取得了良好效果。随着 GPS 定位技术的不断发展，仪器功能增强和完善、价格进一步降低以及各种解算模型的完善，GPS 在滑坡监测中有非常广阔的应用前景。

（2）InSAR 监测

InSAR（Interferometry Synthetic Aperture Radar，合成孔径雷达干涉测量）是一项较新的空间测量技术。它使用卫星或飞机搭载的合成孔径雷达系统获取高分辨率地面反射复数影像，每一分辨元的影像信息中不仅含有灰度信息，而且还包含干涉所需的相位信号。InSAR 技术是通过两次或多次平行的观测或两幅天线同时观测，获取地面同一地物的复图像对，并得到该地区的 SAR 影像干涉相位，进而获得其三维信息。干涉雷达优点较多：具有全天候工作能力，发射的微波对地物有一定的穿透能力，能提供光学遥感所不能提供的信息，且是主动式工作方式。对于欧洲雷达卫星 ERS-1/2 和加拿大雷达卫星 RADRSAT-1，采用干涉技术来产生 DEM，监测地面位移变化精度可以达到毫米量级。因此，该技术手段特别适于解决大面积的滑坡、崩塌、泥石流以及地裂缝、地面沉降等地质灾害的监测预报，是一项快速、经济的空间探测高新技术。

InSAR 用于滑坡监测的优点：

①数据获取方面具有大面积覆盖，相对传统的监测手段价格低廉，传感器的空间分辨率可以达到 10 m 以内，监测不受天气影响，可全天候、全天时成像。

②从面上来监测整个滑坡体的过程得出一个整体的变化趋势。

③能够提供宏观的静态信息，并能够给出定量的动态信息，为滑坡提供了新的信息源和一种新的监测研究手段。

InSAR 用于滑坡监测的缺点：

①主要是对大气参数的变化（对流层水汽含量和电离层变化）、卫星轨道参数的误差和地表覆盖的变化非常敏感。

②在滑坡监测时，其存档数据的时间分辨率还不能满足要求，参数设置不是专门针对测量来设计的，必须加入其他的辅助数据和必要的技术手段来加以改善。

在高山地区成像时不可避免地存在雷达波束叠掩和雷达阴影现象，这是雷达成像的几何局限性。差分干涉测量技术适合于绝大多数的滑坡监测，只要能够收集到合适的空间基线和时间基线的数据，都能够得到满意的结果。对于需要布设角反射器的滑坡，监测太大的滑坡布设成本比较高，监测小一些的滑坡比较合适。对于高陡峭地形内短期迅速发育，具有较高变形梯度的滑坡，差分干涉测量技术监测并不适合。

6.1.3.3 位相测量剖面术滑坡监测

位相测量剖面术（Phase Measuring Profilometry，简称 PMP）测量系统主要是对滑坡地表位移和形变的监测（孙园等 2005 年）。该系统采用了先进的投影技术、CCD 摄像技术以及计算机数字处理技术对滑坡体的位移实现远距离、非接触、全天候、全自动监测。由于采用计算机直接控制相移，不需要任何的相移装置，避免外界振动的抖动和漂移，故而测量系统简单，测量精度提高，无需防震，其精度达到约1%。在需要监测的滑坡体上建一个目标平台，将LCD投影仪安装于目标平台上，使投影仪的光束中心与滑坡体位移垂直方向成一个小角度；在滑坡体外稳定地带建立一个基准平台，放置监测系统，监测系统由望远镜头和CCD摄像系统组成，CCD摄像系统的光束中心垂直于滑坡体位移方向。测量系统用LCD将软件生成的正弦条纹投影到被测物体表面，投影条纹经被测物体表面调制后产生变形。然后采用CCD摄像头获取变形条纹，并将图像保存到计算机中进行位相提取与位相去包裹处理，最后由被测物体形面与相位的关系求得被测物体的三维信息。

6.1.3.4 核磁共振技术滑坡监测

中国地质大学李振宇博士在国际上首次将核磁共振技术应用于滑坡监测，取得了良好监测效果（李振宇等2004）。滑坡是一种严重的地质灾害，地下水的活动是产生滑坡的重要因素。科学家研究证实，80%的滑坡与地下水活动有关。核磁共振技术是目前世界上唯一的可以用来直接找水的地球物理新方法。它是一种无损监测，无需打钻就能确定地下是否存在地下水、含水层位置以及每一含水层的含水量和平均孔隙度，进而可以获知滑坡面的位置、深度、分布范围等信息，从而对滑坡体进行稳定性评价，并对滑坡体的治理提出科学依据。2001—2003年，李振宇博士等用核磁共振技术对湖北省巴东县赵树岭滑坡进行了监测。结果表明，这一滑坡目前比较稳定，这与打钻结果完全吻合。与以往的监测手段相比，这一方法不仅快，一天就可做完一个点的观测，成本也低，只有传统方法的十分之一。核磁共振技术目前已广泛应用于医学，但应用于地球物理学领域进行滑坡体监测还是首次。

6.2 地质气象灾害监测系统构成和典型实例

6.2.1 地质气象灾害监测系统

地质气象灾害监测系统主要由地质灾害专业监测系统、群测群防系统和信息系统构成。

（1）专业监测系统。专业监测系统是采用综合监测手段（全球卫星定位（GPS）监测、遥感（RS）监测、地表和深部位移监测等）建立的对重大崩滑体、泥石流易发区和应急监测的专业化监测。主要包括地表大地变形监测、地表裂缝位错监测、地面倾斜监测、建筑物变形监测、滑坡裂缝多点位移监测、滑坡深部位移监测、地下水监测、孔隙水压力监测、滑坡地应力监测、降水量监测等。

(2) 群测群防监测系统。群测群防监测系统是在地方行政管理和专业部门技术指导下，由驻地群众组成的，以及时、普遍获取监测信息为主要目的和以实施巡查与避让为主要措施的群众性监测与防灾体系。群测群防监测系统使专业监测耳聪目明，反应快捷，能及时发现隐患险情，及时监测预警，提高专业监测的能力和成效。

(3) 信息系统。信息系统主要由地质灾害防治数据库、减灾防灾决策支持系统和网络化信息管理系统构成。建立基于分布式数据采集、网络化信息处理的地质灾害数据库和信息分级管理系统，以及基于地理信息系统（GIS）的减灾防灾决策支持系统和信息发布与演示系统，实现对地质灾害的监测预警，为各级政府有效地组织防灾减灾行动提供决策支持。

6.2.2 地质气象灾害监测系统典型实例

6.2.2.1 三峡库区山体滑坡监测系统

三峡库区地质灾害防治工作指挥部依据国务院三峡工程建设委员会2001年10月批准的《长江三峡库区地质灾害监测预警工程建设规划》、《三峡库区地质灾害监测预警工程实施方案》以及国家计委2002年11月批准的《三峡库区移民迁建区地质灾害监测预警工程实施方案》，组织开展三峡库区山体滑坡监测工作。

三峡库区地质灾害防治工作指挥部认真组织专业监测系统设计、群测群防监测设计和信息系统设计。专业监测系统建设方面，完成了GPS监测网A级网设计、全库区GPS监测网B级网、C级网设计、GPS监测C级网核查、观测及网形优化设计、RS监测设计、综合立体监测系统专项设计和全库区20个区县的分县专业监测设计；群测群防监测系统建设方面，完成了群测群防监测预警系统专项设计和全库区20个区县的分县群测群防设计；信息系统建设方面，完成了计算机网络系统设计、防治信息与决策支持系统研制与建设总体设计、基础地理空间数据库建设、管理与三维视景漫游详细设计、地质专业空间数据建设、管理详细设计、地质灾害空间数据组织及系统集成技术研究详细设计等。目前，三峡库区已建立了专业监测点129个，群测群防点1216个，地质灾害监测预警网络已基本形成。

截至2004年8月，完成了GPS监测系统（GPS监测A级网15个控制点、B级网262个基准点和C级网1070个监测标）的建设工作，实现对129个崩塌滑坡的GPS监测运行。首期RS工作已全部完成，购置了美国陆地卫星七号的8个波段遥感数据（ETM+卫星）12帧，有效区覆盖了整个库区6万 km^2；建立完成了全库区1∶5万基础地理信息数据库和地形模型数据库（DEM），对库区DEM数据与TM卫星影像数据照片进行了融合、镶嵌、拼接、制作、叠加，构造完成了全库区蓄水前三维视景模型，并研制了三维视景模型仿真飞行管理软件，完成了全库区三维仿真飞行。

综合立体监测网由于原设计136处专业监测灾害点中有7个滑坡（黄土坡滑坡、官渡口滑坡、秀峰寺滑坡、白衣庵滑坡、云阳西城滑坡、关塘口滑坡、和平广场滑坡）纳入二期工程治理综合立体监测网，实际实施并完成129处崩塌滑坡库岸的建设，共完成地下水监测孔45孔，滑坡推力监测孔17孔，钻孔倾斜仪监测孔274个，共计336孔，累计孔深13746 m。129处崩塌滑坡现均已投入监测运行。专业监测自2003年3月初开始陆续建成，随即相继投入监测，自2004年7月，全部专业监测（129处）和全部群测群防点均投入了监测运行。2003年6月上旬坝前135 m蓄水后，坝前水位迅速抬高60余米，在135 m蓄水影响范围内造成部分滑坡的成生和复活。监测预警工程对此作出了迅速反应，迅速发现险情并及时预警，减少人员伤亡。此后，坝前水位抬升到139 m及回落，经过蓄水一年多的监测预警表明，专业监测和群测群防监测均卓有成效。

群测群防监测已经完成了20个区县级监测站组建和能力建设，库区20个区县国土资源局基本组建了监测站，共计152人。2003年5月，完成了县级站的能力建设和仪器设备的配置；完成了2516处群测群防监测崩塌滑坡选点、建点和监测运行，由专业地质队伍进行现场选点并对1216处崩塌滑坡进行了1∶10000地质测绘，现场布置监测点位，划定危害对象，并进行实物指标调查，划定撤离路线，县级站依据专业地质队选定的点位建立了简易监测标桩（点）。地方政府确定现场监测人员，向他们发放统一监测记录表格实施监测。库区群测群防监测成功预警了包括秭归千将坪滑坡（2000万 m^3、1200余人）、秭归郭家坝镇坍口湾滑坡（70万 m^3、100户268人）、墨槽滑坡（100万 m^3，45人）、秭归归州镇桃树坪滑坡（50万 m^3）、水田坝乡孙坟记滑坡（36万 m^3，40户106人）、红树崖危岩（500 m^3，3户12人）、潘家湾滑坡（45万 m^3，27户106人）、三门洞滑坡（700万 m^3，79户279人）等12处滑坡。

网络系统硬件建设完成了20个区县局域网、指挥部局域网、广域网系统（各站专线连接和外部互联网）的建设，已投入运行；信息系统开发完成了标准化指标体系建立、数据采集系统单机版和网络版的研制、数据库系统的建设。

6.2.2.2 云南东川蒋家沟泥石流综合实验、观测系统

由于泥石流是一种非均质、非恒定的流体，具有结构成分复杂、颗粒粒径变化大、容重高、冲击力强、冲淤强烈等特点，这使得现有的成熟的流体力学理论和土力学理论难以解释泥石流的若干特殊物理现象。因此，通过系统全面的模拟实验和野外系统观测，逐步透过表象抓住泥石流的本质特征，并藉此对泥石流的若干特殊现象作出科学的解释就显得尤为必要。

我国从 20 世纪 50 年代末起，中国科学院东川站、成都山地灾害与环境研究所、兰州冰川冻土沙漠研究所、中国铁道科学研究院西南分院、甘肃省交通科学研究所、云南省东川矿务局、昆明铁路局等多家单位先后在云南蒋家沟、浑水沟、大白泥沟、老干沟和四川黑沙河、三滩及西藏古乡沟、甘肃火烧沟、柳湾沟等地对泥石流开展了大量的野外现场观测研究。其中云南东川蒋家沟泥石流观测站是持续时间最长、实验观测研究内容最具代表性的泥石流野外观测实验台站。蒋家沟所在的小江流域是我国乃至世界典型的暴雨泥石流高发区，已有详细数据的各类泥石流沟就有 100 多条，每年雨季都会有数十条沟谷暴发泥石流。蒋家沟作为小江流域最具代表性的一条泥石流沟，平均每年发生的泥石流高达 15 场左右，最高时曾有一年 28 场的记录，因此也就成为难得的天然泥石流观测研究场所。

蒋家沟泥石流观测研究站自 1961 年建站至今，已从简易的人工观测发展到现在的半自动化观测，建立了泥石流形成机制、运动要素、静力学、动力学、预警报、冲淤、减灾工程、退化环境恢复重建等观测研究系统（图 6.1），拥有降雨监测网、超声波泥位监测仪、大型采样缆道及缆道控制系统、静力学及流变学综合实验分析系统、冲击力测试仪、地声振动报警仪、超声波遥

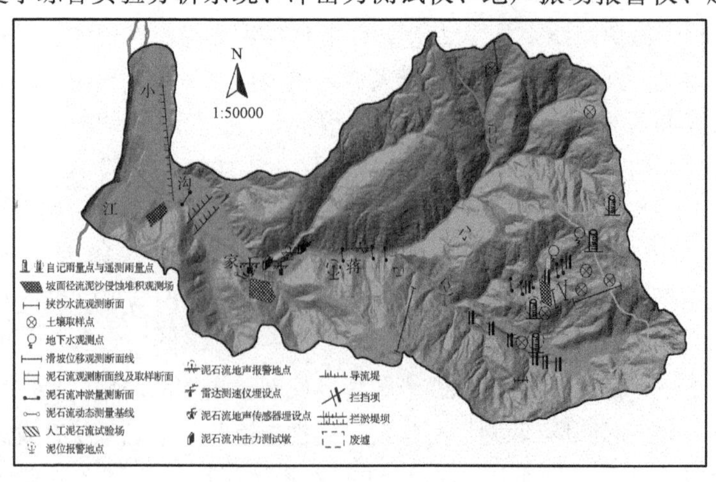

图 6.1 东川蒋家沟泥石流综合观测、实验系统示意图

感报警仪、全站仪地形测量系统、泥石流动态摄像、GPS测量系统等观测实验仪器和设备，能够开展泥石流的形成、运动、力学性质、冲淤特征、预警报和治理效益等观测实验研究。

具体来说包括以下内容：

（1）泥石流形成的观测研究。在泥石流形成区设立了4个侵蚀观测场，7个滑坡位移观测断面，4个泥石流和径流观测断面，3个地下水观测点和6个雨量观测点。通过观测，研究泥石流的形成机理和形成过程，建立泥石流的形成模式。

（2）泥石流的运动观测研究。主要观测研究泥石流的流速、流态、流动过程和浓度变化；探索泥石流的阻力规律和运动机理，确立流速计算公式。

（3）泥石流的动力特征观测研究。主要观测研究泥石流运动引起的冲击力、振动和地声，建立冲击力和振动计算公式。

（4）泥石流取样和静力特征的实验研究。主要进行泥石流暴发时直接取样，测定泥石流样品的容重、黏度、屈服值、机械组成、化学成分、堆积物的土力学特征，研究泥石流体的结构静力学特性和流变模式。

（5）泥石流冲淤观测研究。主要观测研究各类泥石流的冲淤过程及其与泥石流输移的关系，建立泥石流冲淤模式。

（6）泥石流预警报实验研究。主要研究泥石流形成与暴雨强度、前期降雨、固体物质补给和汇流过程的关系，泥石流运动引起的振幅和强度，泥石流的运动特征和流动过程，建立泥石流预报和各种警报的模式，研制预警仪器，实现泥石流警报。通过观测，基本上探明了以雨量为主进行短期预报的原理，建立了预报模式，初步实现了泥石流预报，预报提前时间为20～40分钟，有的超过1小时。

（7）泥石流治理效益的观测研究。主要观测研究工程和生物措施在泥石流治理中的作用。

通过长期的观测实验研究，东川站在泥石流观测实验方法与技术、基础资料积累、泥石流发生、流动、堆积机理研究以及预警报技术开发与应用、减灾工程实践、退化生态环境改良修复、荒滩土地利用等方面取得了一系列重要的创新性成果，部分达到国际先进或领先水平。比如同步测到了泥石流浪速、泥位、冲击力、地声和冲淤的变化过程；提出了缓坡泥石流和陡坡泥石流的发育过程模型；较全面地探讨了泥石流的侵蚀、搬运与干堆积过程；较深入地分析了泥石流的流态和流变特征；建立了泥石流流速、流量、冲击力计算公式；提出了颗粒散体重力流模型；探讨了泥石流启动机理和启动模型；较系统地提出了泥石流规模预测的理论与方法；率先建立了暴雨泥石流预报模式，其准确率达85％，预报提前时间达20多分钟；开发成功准确率达90％的泥石流地声报警和超声波泥位报警系统，并应用于长江上游地区；对30余条泥石流沟实施综合治理成功；探索出了泥石流防治工程可行性评估的模型实验系统技术与方法，为泥石流防治工程节约大量投资。

在工程治理方面，除了蒋家沟，东川的大桥河、石羊沟、尼拉姑沟、深沟、祝国寺沟、田坝干沟、小水沟、黑水河、达德沟、拖沓沟、黑沙沟、因民沟、阿旺小河、烂泥沟、老龙沟、李家湾、汤丹三岔路沟、小石洞沟、汪家箐等30多条泥石流沟都进行了不同程度的治理。水土流失面积由原来的68.5％下降到55.6％，生态环境开始好转。东川泥石流防治不仅获得了明显的社会效益、生态效益和经济效益，而且还总结出了一套防治经验，推动了泥石流防治和研究工作的发展。

地质气象灾害预报和预报产品发布及应用

7.1 地质气象灾害预报方法概述

地质气象灾害预报方法的核心是通过研究降雨与滑坡、泥石流的关系，预测地质气象灾害发生的可能性。预报方法包括：统计模型、理论模型（水文模式与地质力学模式耦合）和统计与理论模型耦合等目前已经发展得较为成熟的方法手段，以及随非线性科学和计算机技术的发展而兴起的元胞自动机模型、地理信息系统（GIS）等。这些方法和手段已为国际学术界广泛应用，为地质灾害的气象预测预警技术提供了强有力的工具。

7.1.1 地质气象灾害预报分类

目前开展的地质气象灾害预报主要有山体滑坡预报和泥石流预报。

7.1.1.1 山体滑坡的预报分类

强降水诱发山体滑坡预报问题一直是滑坡研究中的热点课题之一，其核心是通过研究降雨与滑坡的各种关系，预测可能的滑坡状态、滑坡发生的时间、滑坡发生的区域、滑坡发生的强度等。从目前公开出版的众多文献中可以看出，降雨滑坡预报研究内容广泛，山体滑坡预报问题可以分为三类：时间预报、空间预报和强度预报。

（1）时间预报

山体滑坡时间预报主要是预报山体滑坡发生的时间，根据滑坡体边坡蠕变过程在不同阶段的特征和需要关注的问题，将滑坡体预报时效划分成如下四种时间尺度：

山体滑坡预测——通过对历史山体滑坡灾害活动程度调查、踏勘以及对山体滑坡灾害各种活动条件的综合分析，评价和判断山体滑坡灾害活动的危险程度、山体滑坡灾害强度（规模）、发生概率（发展速率）以及可能造成的危害区的位置、范围，得到山体滑坡危险性区划，确定山体滑坡灾害隐患区（点）。

山体滑坡长期预报——是针对年度及年度以上时间尺度的山体滑坡预报，主要是在山体滑坡危险性区划的基础上，加上对年度和年度以上的降水趋势预测结果和人类活动情况，得出年度和年度以上尺度的山体滑坡趋势预测。

山体滑坡短期预报——一般是指降水过程单次或累计造成山体滑坡的时间尺度，一般是月以内尺度。主要是在考虑了山体滑坡各种自然和人为活动因素的基础上，再叠加上近期降水实况和预报情况，预报某区域山体滑坡发生的可能性。

山体滑坡临滑预报——一般是指几天以内时间的指定山体发生滑坡的概率预报，它是在对滑坡体活动和对滑坡体附近的降水情况开展连续监测以及对降水量作出定点、定时、定量预报的基础上进行的。

滑坡体边坡蠕变过程曲线如图 7.1，分为四个阶段，按照四个阶段的不同特征可以将其与上述山体滑坡预报时效进行对应：DE 是边坡变形速率剧增、岩土体很快破坏阶段，因此对 t_3的预报属于临滑预报；CD 是变形迅速增大但岩土体尚未破坏阶段，因此对 t_2时刻的预报属于滑坡的短期预报；BC 是稳定蠕变阶段，岩土体等速变形（基本是线性），此段属于长期预报（年及年以上尺度）；AB 段是岩土体减速变形阶段，属于滑坡体边坡，危险性区划中必须标注为地质灾害隐患点，属加以防治的类型。根据其预报时效的不同，预报方法主要采用统计方法、理论模型方法和统计学与理论模型的耦合方法。

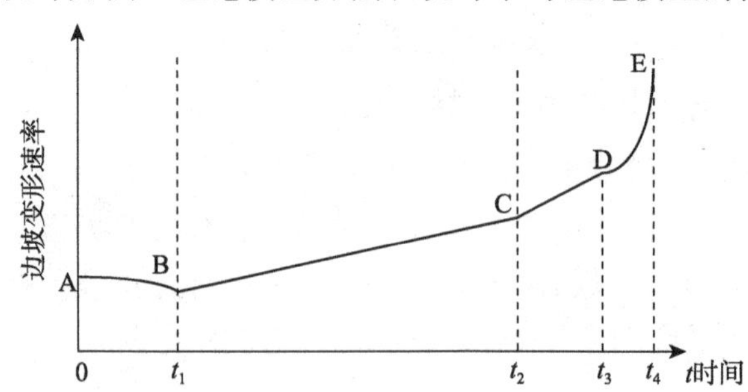

图 7.1　滑坡体边坡蠕变过程曲线（文宝萍 1996）

统计方法中又分为简单统计方法和精确统计方法。在降雨滑坡预报研究中，简单统计方法应用最广，用这种统计方法建立的滑坡、降雨关系可分为两类：①降雨与直接滑坡数据关系；②降雨与分类滑坡数据关系。

在理论模型方法中，目前应用最广的有三类理论模型：①降雨—斜坡稳定性分析模型；②降雨入渗的水文地质模型；③斜坡稳定性与降雨入渗的耦合模型。

由于统计分析的不严密性和理论模型的假设性，所以这两类方法单独使用都没有取得公认的突破性结果。目前的实际情形经常是，统计模型对历史拟合率高，而实际预报能力差；理论模型在各种条件简单时效果明显，条件复杂时，与现实相差较远。所以，将两种方法联合预报降雨滑坡，是最有前景的研究途径。

常用的数学统计模型有多元线性回归模型、Kalman 滤波统计模型和灰色数学统计模型等。

（2）空间预报

强降水诱发山体滑坡空间预报的重点是一个区域在将降水诱发下山体滑坡发生的可能性，因此，属于山体滑坡宏观预报。一般是在山体滑坡危险性区划图上，叠加上最近一段时间强降水的监测和预报图，或者是建立综合考虑上述两种因素的预报模型，经过综合判断后，得到山体滑坡气象条件等级预报图，或者是山体滑坡发生概率预报图。GIS 技术被广泛应用于此类预报之中。

特别值得提出的是，如果区域性的山体滑坡气象条件等级预报图，或者山体滑坡发生概率预报图与区域性的滑坡灾害风险评价相结合（如滑坡灾害风险性评价图），那么，这个预报结果将从事件预报上升到灾害预报或预评估。

（3）滑坡强度预报

滑坡强度预报主要针对一个特定的滑坡体，根据对滑坡体附近降水的连续监测、滑坡活动特征的连续监测和二者之间的关系模型，预报如下三方面的内容：①滑坡规模；②滑坡发生频次；③滑坡速度和滑坡冲程。在前两类研究中，利用历史数据进行统计分析占主导趋势，Glade（1998）、Pun 等（1999）、Dai 和 Lee（2001）。在滑坡速度和滑坡冲程预测方面，目前广泛应用的研究方法有两类：一是 Scheidegger（1974）经验公式法，如 Sasa（1985，1998）、Wong 和 Ken（1996）、Wang 等（2002）；二是实验模型研究方法，如 Iverson 等（1989，2000）。

7.1.1.2 泥石流的预报分类（王礼先等 2001）

（1）根据灾害的孕灾体分类

所谓孕灾体就是产生泥石流灾害的地理单元，这个地理单元可以是一个行政区域，也可以是一个水系区域或地理区划区域，还可以是具体形成泥石流的泥石流沟（坡面）。根据孕灾体的不同，将泥石流预报分成区域预报和单沟预报。

区域预报是对一个较大区域内泥石流活动状况和发生情况的预报，宏观地指导泥石流减灾，帮助政府制定减灾规划和减灾决策。区域预报一般是对一个行政区域进行预报，但铁路和公路等部门往往只关注线路沿线区域的泥石流灾害情况而只对线路区域进行预报，应当称为线路预报。因线路预报仍是对某线路区域内的所有泥石流活动进行预报，所以线路预报仍应包括在区域预报中。

单沟预报是最为具体的预报，是针对具体的某条泥石流沟（坡面）的泥石流活动进行预报，指导该沟（坡面）内的泥石流减灾，这些沟谷（坡面）内往往有重要的保护对象。

（2）根据预报的时空关系分类

根据泥石流预报的时空关系，可以将泥石流预报分成空间预报和时间预报。泥石流空间预报就是通过划分泥石流沟及危险评价和危险区划图来确定泥石流危害地区和危害部位。这里把区域性泥石流危险度分区（危险度）评价也包括在空间预报中，空间预报包括单沟空间预报和区域空间预报。

泥石流时间预报是对某一区域或沟谷在某一时段内将要发生泥石流灾害的预报。因此，时间预报也包括区域时间预报和单沟时间预报。

（3）根据预报的时间段分类

根据预报的时间段分类就是根据发出预报至灾害发生的时间长短进行预报的分类。把泥石流预报分成长期预报、中期预报、短期预报和短临预报。长期预报的预报时间一般为 3 个月以上，中期预报的预报时间一般为 3 天到 3 个月，短期预报的预报时间一般为 6 小时到 3 天，短临预报的预报时间一般为 6 小时以内。

（4）根据预报的性质和用途分类

根据泥石流预报的性质和用途可将泥石流预报分成背景预测、预案预报、判定预报和确定预报。背景预测是根据某区域或沟谷内的泥石流发育环境背景条件分析，对该区域或沟谷内较长时间内泥石流活动状况的预测。预案预报是对某区域或沟谷当年、当月、当旬或几天内有无泥石流活动可能的预报，指导泥石流危险区做好减灾预案。判定预报是根据降水过程判定在几小时至几天内某区域或沟谷有无泥石流发生的可能，具体指导小区域或沟谷内的泥石流减灾。确定预报是根据对降水监测或实地人工监测等确定在数小时以内将爆发泥石流的临灾预报，预报结果直接通知到危险区的人员，并组织人员撤离和疏散。

（5）根据预报的泥石流要素分类

根据预报的泥石流要素可将泥石流预报分成流速预报、流量预报和规模预报等。流速和流量预报都是对通过某一断面的沟谷泥石流的流速和流量进行预报，一般是针对某一重现期的泥石流的要素进行预报。规模预报是对泥石流沟一次泥石流过程冲出物总量和堆积总量的预报。

（6）根据预报的灾害结果分类

根据预报的灾害结果可将泥石流预报分成泛滥范围（危险范围）预报和灾害损失预报。泥石流泛滥范围预报是泥石流流域土地利用规划、危险性分区、安全区和避难场所划定及选择的重要依据。灾害损失预报是对泥石流灾害可能造成损失的预报，是政府减灾和救灾部门制定减灾和救灾预案的重要依据。

（7）根据预报方法分类

泥石流预报方法种类繁多，但归纳起来可以分成定性预报和定量预报两大类。定性预报主要是通过对泥石流发生条件的定性评估来评价区域或沟谷泥石流活动状况，一般用于中、长期的泥石流预报。定量预报是通过对泥石流发育的环境条件和激发因素进行定量化的分析，确定泥石流的活动状况或发生泥石流的概率，一般用于泥石流短期预报和短临预报中，给出泥石流发生与否的判定型预报和确定性预报。定量预报又可以分为基于降水统计的统计预报和基于泥石流形成机理的机理预报。

统计预报主要是对泥石流历史事件进行统计分析，确定临界降雨量，并以此作为泥石流预报的依据，是目前研究和应用最多的一种预报方法。机理预报是以泥石流形成机理为基础，根据流域内土体的土力学特征变化过程预报泥石流的发生与否。由于泥石流形成机理的研究尚不成熟，基于泥石流形成机理的机理预报尚处于探索阶段。

根据不同的分类依据，可以将泥石流预报分成许多类型，但不同类型的预报之间又存在相互交叉和包容关系。

7.1.2 地质气象灾害预报方法

目前在日常业务中，地质气象灾害预报方法主要有统计方法、理论模型方法和统计与理论模型相结合的方法。由国土资源部门和气象部门联合开展的地质气象灾害日常预报业务中主要有山体滑坡和泥石流预报，而山体滑坡预报又开展得最为广泛。

7.1.2.1 山体滑坡预报方法

（1）统计方法

山体滑坡统计预报方法的主要思路是根据历史降雨滑坡资料和降雨数据，建立滑坡、降雨之间的经验性的统计关系，寻找临界降雨强度，是目前降雨滑坡预报中最常用的研究预报方法。在统计方法的研究和业务化过程中大体经历了三个过程：

雨量统计方法。主要思路是分析滑坡与降水关系时，主要采取用滑坡个例发生时间对应反查降水情况，统计当日降水量、一段时间内累积降水量与山体滑坡的关系，从而建立预报指标，在预报指标的基础上结合降水预报和实况预报未来山体滑坡等级。

日综合雨量统计方法。降水对地质灾害的诱发作用不仅取决于当日降水，而且与前期过程降水量有关，前期各日降水量对该日滑坡的影响程度是不同的，前期的降雨量对成灾的影响随时间的延长而逐渐减弱直至消失，即是一个衰减过程。因此，该统计方法的重点就是根据降水量和滑坡个例求出衰减系数，从而建立起预报指标。在确定衰减系数时，主要方法是取综合雨量均方差与综合雨量最大值之商最小作为目标函数，通过优化方法求得衰减系数。

基于不同地质灾害易发程度分区的有效降雨量统计方法（马力等 2002）。山体滑坡不仅仅与降水有关，还与地质结构类型和人类活动有关。因此在考虑到地质状况的基础上，再引入降水因子就能为山体滑坡预报提供较好的思路。由于国土资源部门在开展地质灾害易发程度等级区划时已经考虑了地形地貌、岩土类型、地质构造、水文地质及人类经济活动等因素，所以基于地质灾害易发程度等级区划的滑坡有效降水量预报方法就可以单一地考虑降水信息。研究表明，降水对山体滑坡的诱发作用不仅取决于当日雨量，而且与前期过程降水量有关，但前期各日雨量对该次滑坡的影响程度是不相同的。那么前期每一天的降水量对滑坡的贡献到底有多大？为了进一步研究降水过程对致灾影响程度，就引入“滑坡有效降水量”这一概念。有效降水量是指当日山体滑坡发生时的临界降雨量，其值等于前期各日降雨量与其影响系数乘积之和，计算式为：

$$R = \sum_{x=0}^{n} R_x a_x \tag{7.1}$$

式中 R 为滑坡有效降水量，R_x 为每日降水量，a_x 为影响系数，x 为天数，$x=0$表示当天，$x=1$ 表示前一天，以此类推。R_x 为已知量，只要能够确定出影响系数 a_x，就可以计算有效降水量 R。

影响系数的确定，主要是根据不同地质灾害易滑程度分区内的滑坡个例分别统计了前期不同量级降水诱发的滑坡发生概率。采用数学方法分别对不同易发分区内的滑坡发生概率进行函数拟合，应用拟合函数计算前期降水量对滑坡的贡献率作为影响系数。根据滑坡有效降水量计算公式，可以分类计算每个滑坡个例的10天有效降水量，统计了不同区域内有效降水量所占的累计概率，结合业务应用经验，当滑坡概率小于35%时定义为一级，当滑坡概率在35%～50%定义为二级，当滑坡概率在50%～80%定义为三级，当滑坡概率在80%～90%定义为四级，90%以上时定义为五级。因此根据这一定义就可以确定出不同风险区内的有效降水滑坡等级预报指标模型。在此模型的基础上，结合高密度中尺度自动站降水实况资料和中尺度数值模式高分辨率降水预报，采用降水要素空间化方法，将降水实况和预报网格化，应用建立起来的不同地质灾害易发分区滑坡有效降水量计算模型分别计算每一网格点单元的有效降水量，结合各分区内滑坡预报指标确定出相应的滑坡预报等级，从而实现了山体滑坡预报的精细化。

（2）理论模型方法

在经验性预报研究的同时，许多学者致力于理论模型研究。降雨滑坡形成机理的本质在于雨水入渗斜坡后破坏了斜坡的应力平衡体系。因而，从理论上揭示雨水入渗后斜坡应力的变化过程，以及雨水在斜坡中的渗透特性和渗透过程，是理论模型研究的关键。目前应用最广的有三类理论模型：①降雨—斜坡稳定性分析模型；②降雨入渗的水文地质模型；③斜坡稳定性与降雨入渗的耦合模型。

降雨—斜坡稳定性分析模型（黄润秋2004）。由于降雨滑坡多为浅层小型滑坡，所以Skempton（1957）的无限斜坡模型被广泛用于分析降雨滑坡稳定性，确定滑坡启动所需的临界含水量、临界孔隙水压力和临界降雨量，如美国Keefer等（1987），意大利Crosta（1998），Angeli等（1998），英国Huchison（1995），哥伦比亚Terlin（1998，2001），新加坡Rehardjo等（2001）。此外，应用非饱和土力学理论分析雨水渗透后的斜坡稳定性，也是降雨滑坡研究的发展趋势之一，如Anloso等（1990）、Zakara等（1995）、Fredlund和Rohadjio（1996）、Sun等（1998）、Wollen（1998）。

降雨入渗的水文地质模型。基于实验、监测或理论分析，研究降雨在不同岩土中的渗透特性和入渗过程以及雨水入渗时孔隙水压力的变化，通过解析分析或数值模拟，建立降雨入渗的水文地质模型，如饱和稳定流模型、非稳定流模型、非饱和土水流模型等，如美国Iverson（2000）、El Kadi和Torika（2001），荷兰Bagaard和Asch（2002），意大利Angeli等（1998），英国Barton和Thomas（1986）、Wilkonson等（2003），香港Sun等（1998）、Ng等（2000）。

稳定性分析与降雨入渗耦合模型。联合上述两种理论模型研究降雨滑坡机理，确定滑坡启动的临界降雨指标，是目前降雨滑坡预报研究中的主要方向之一，如美国 Keefer 等（1987）、哥伦比亚 Terlin（1998，2001）、新加坡 Rehardjo 等（2001）、意大利 Angeli 等（1998）。

滑坡滑动过程与降雨过程的关系模型。利用对滑坡体位移的连续监测资料和同时段的降水连续监测资料，建立滑坡滑动过程与降雨过程的关系模型。

经统计知，用（7.1）式计算得出的山体滑坡有效降水量与滑坡体位移量的线性相关关系数达到 0.86，其线性相关方程是：

$$D=0.677R'+170.76 \tag{7.2}$$

其中 D 是每天的滑坡体位移量，R' 是山体滑坡有效降雨量。

这说明山体滑坡有效降水量与山体滑坡的关系相当密切，可以依靠此关系建立滑坡位移量预报模型。这个关系对研究大降水诱发山体滑坡的机理也是很有帮助的，首先说明降水通过滑坡体上的裂缝渗透到滑动面需要一定的时间；其二说明滑坡发生之前各天的降水对滑坡的影响不是等权重的，越接近滑坡发生时间的降水对产生滑坡的影响越大；其三是滑坡发生前期的累计降水量（特别是滑坡有效降水量）越大，发生滑坡的可能性越大；其四是降水量越大，滑坡的突发性越强。

（3）统计学与理论模型的耦合方法

由于统计分析的不严密性和理论模型的假设性，所以这两类方法单独使用都没有取得公认的突破性结果。目前的实际情形经常是，统计模型对历史拟合率高，而实际预报能力差；理论模型在各种条件简单时效果明显，条件复杂时，与现实相差较远。所以，将两种方法联合预报降雨滑坡，是最有前景的研究途径。美国在旧金山湾的成功经验（Keefer，1987），证明这种途径是非常有效的。

此外，研究区域性降雨滑坡的暴发周期、暴雨活动的周期及其相互关系，也是各国降雨滑坡时间预报研究中的主要内容之一，如美国 Kochel（1987）、Eaton（1997）、Larsen 等（2000）、Coe 等（2000），香港 Brand（1985）等。

（4）统计方法和理论模型方法特点比较

统计方法的最大优点是仅需依赖于历史数据，无需考虑降雨在岩土体中的作用过程和滑坡自身的演变过程，因此简便容易操作。由于降雨在滑坡中的作用和滑坡演变过程极其复杂，所以，统计方法的明显缺点是缺乏科学性和严密性。目前统计分析中采用的降雨参数分为三类：①降雨强度、降雨持续时间；②瞬时降雨量和前期降雨量；③长期累计降雨量。分析中采用的滑坡数据也可分为三类：①直接的滑坡数据；②群发性降雨滑坡事件；③基于不同规则的分类滑坡数据。因此，当降雨参数的选取不适合研究区的降雨特点时，研究结果必然与实际有较大出入。而直接使用滑坡数据，很可能导出错误的临界降雨指标，例如：若将数千立方米的浅层小型滑坡与数百万立方米的深层大型滑坡的诱发降水数据放在一起分析，很难得出符合实际的降雨—滑坡关系。

理论模型的最大优点是科学地表达了降雨在滑坡中的作用，严密地表征了降雨—滑坡关系。然而，建立理论模型需要大量深入的基础研究。另一方面，由于自然界滑坡条件和降雨在滑坡中的作用机理极其复杂，所以理论模型通常建立在一定的假设前提下。

7.1.2.2 泥石流预报方法

从上述泥石流预报分类可以看出，泥石流预报方法有很多种，但它们基本上都是根据泥石流形成的因素通过统计模型建立的预报关系，这里主要介绍利用降雨预报和泥石流仪器监测预警。

（1）利用降雨作泥石流预报

该种方法主要内容包括确定泥石流灾害警戒基准雨量和避难基准雨量。首先，选定具有充分代表性的气象站；收集代表站以往激发泥石流的一次大的连续降雨及前期降雨资料；收集以往未激发泥石流的一次大的连续降雨及前期降雨资料。其次，所谓大的连续降雨，以总雨量大于 60 mm，一小时雨量大于 20 mm 为界；以小时雨量强度为纵坐标，用实效雨量值（即考虑了前期降雨影响累计雨量）为横坐标点绘成图，定出激发泥石流降雨和不激发泥石流降雨的分界线，此线即为泥石流发生的危险基准线。最后，制定发布警报命令的警戒雨量基准线及避难雨量基准线，达到泥石流降雨的基准线前 24 小时发出警报，达到泥石流降雨基准线前 1 小时发出避难指令。

在一次降雨总量或雨强达到一定指标时，根据当地泥石流发生的临界雨量，立即发出预警信号。

（2）利用仪器发出泥石流警报

应用泥石流遥测地声警报器监测，当泥石流来临时，除了有巨大、低沉的咆哮声外，还可以感觉到沟床附近处的大地微微颤动。泥石流这种雷鸣般的响声可以传至数千米乃至更远的地方，这就是泥石流的地声。

泥石流地声是在泥石流运动过程中发生的，泥石流成为一个震动源，在其流动的过程中，摩擦、撞击沟床和岸壁而产生的振动沿沟床的纵向方向传递。

经过研究得知，泥石流地声的信号具有一狭窄的频率范围，且其卓越频率较其他频率成分（环境噪音）至少高出 20 dB。另外，地声信号的强度与泥石流规模成正比。

因此，利用泥石流地声的这些特点，通过信号的接受与转换，可对泥石流活动实施报警。报警装置自收到泥石流地声信号开始报警，泥石流停歇，信号消失。采用仪器监测的方法可以从原理上消除错报、漏报的可能。

7.1.3 地质气象灾害预报存在的问题

(1) 监测问题：采用多种手段对降水量进行高时空密度和精确的监测问题，廉价简便的边坡位移、倾斜连续监测问题，土壤含水量连续监测问题等。

(2) 较准确、精细的降水量监测预报问题。

(3) 地质灾害气象预报产品体系不完备，预报模型有待发展完善，强降水诱发山体滑坡的水作用机理（机械的、物理的、化学的）还不十分清楚，需要建立在机理研究基础上的滑坡预报模型，即统计方法和理论方法结合的滑坡预报模型。

(4) 在所研究建立的滑坡预报模型、泥石流预报模型的理论基础上，开发出相应的预报业务系统，使研究成果能够转化为业务应用。

(5) 综合应用多种技术，并建立在大量历史的、实时的、监测的、预报的、经济的、社会的信息基础上的地质灾害减灾辅助决策系统有待开发完善。

7.1.4 地质气象灾害预报发展趋势

以滑坡预报为例。滑坡的预报研究虽已有数十年的历史，取得了较大的进展，但至今尚有许多关键问题没有解决，滑坡滑动时间预测预报理论和方法还不成熟。根据已有研究中存在的问题及目前学科的发展现状，预计滑坡预报的发展研究将集中于以下几方面：

(1) 基于非线性动力学的滑坡滑动时间预测预报研究。滑坡系统是在开放和远离平衡的条件下，在与外界环境交换物质和能量的过程中，通过能量耗散过程和内部的非线性力学机制来形成和维持的宏观时序“耗散结构”。它是在没有外界特定干预的情况下，获得时空有序的“自组织系统”。而非线性动力学理论的研究对象正是具有上述特征的开放复杂系统，它较好地解决了地质灾害预测中确定性和不确定性模型的统一问题，可以很好地刻画滑坡运动的复杂性特征和规律，在滑坡预测中具有重要的意义。这种观点和方法将滑坡预报研究从经验预报和统计预报引入物理预报，是认识上的一个飞跃，但目前仍处于起步阶段，因而将来的工作应着重加强非线性动力学理论的研究，使之与目前的系统论、信息论等的研究成果构成系统的滑坡预测理论体系。

（2）智能学预测方法的发展。现代科技为滑坡预测的定量研究包括复杂烦琐的计算模型提供了先进的计算手段，推进了预测科学的研究进程。然而进一步的研究表明，专家的经验知识在科学研究中特别是在预测科学中起着举足轻重的作用。专家往往具有不可思议的预见能力，而这种经验直觉几乎不可能用一般的数学方法建立定量模型。将专家的经验知识、直觉判断力建立成专家系统，并与严密的科学理论、数学模型有机结合即成为探索应用滑坡预测的最佳途径之一。

（3）多因子综合预测预报研究。滑坡系统是一个十分复杂的非线性动态系统，影响其稳定性的因素很多，尤其是一些影响滑坡的动态因素，如降雨量、地下水、地震力、动态外载等。这些因素往往在滑坡发展到一定阶段就变成了主要因素，因此若只考虑某单一因素建立模型，即使是最主要的因素也势必影响其预测的可信度。这样在选取参数作为滑坡预报的因子时，如何选取能够反映滑坡动态过程的最佳因子，描述滑坡变形过程的物理、化学规律就成为滑坡预报的关键。

（4）GIS 在滑坡预报中的应用研究。滑坡演化发展所反映的信息具有地域性、多层次性、时效性的特征。滑坡预测预报必须同时考虑众多的时、空变化因素。这样庞大的数据信息的获取、地质环境条件的确定以及巨大的运算量等都限制了滑坡定量预测的发展。近年来发展起来的 GIS 技术是一个可以使数据库和地理信息一体化，并可提供空间模拟能力的计算机系统，利用 GIS 技术能详细、直观地掌握研究区地质背景资料和滑坡发育特征，为管理决策者提供丰富的定量信息和图像、图形信息，其收集、分析空间数据的强大功能也减少了人为因素在预报中的影响作用，并且可以利用 GIS 进行复杂的空间模拟，进而方便、及时地将空间模拟评价过程中暴露的问题予以改正，反馈到新的模拟过程中，可大大提高工作效率。随着 GIS 技术在我国的发展，这必将成为地质灾害进行定量预测的有效方法之一。

（5）水在滑坡演变过程中的作用和定量评价研究。水在滑坡变形破坏过程中作用极大，它虽不是斜坡变形破坏的本质特征参数，却是诱发滑坡的主要因素，特别是降雨量与滑坡的关系更为密切。一定的雨量和雨强可缩短滑坡的演变历程，使滑边提前发生破坏失稳 。然而水在滑坡变形破坏中的作用机理及其定量表现，一直是滑坡预报研究中的难点，在今后研究中仍将是重点课题之一（许强等 2004）。

（6）人类活动在滑坡演变过程中的作用和定量评价的研究。随着大规模的土地开发利用和重大建设工程活动的日益增加，因不合理人类活动诱发的滑坡越来越多，所以人类活动在滑坡演变过程中的作用机理及其表现，将是滑坡滑动时间预报研究的重要方向之一。

滑坡预报涉及滑坡稳定问题研究的许多理论和方法，是滑坡研究领域难度最大的课题。尽管国内外学者在滑坡预报方法、滑坡变形破坏机制分析及其相关问题的研究中，进行了许多有重要意义的探索和尝试，但准确预报的实例仍很少。许多成功的预报大都是通过监测工作，根据临滑现象作出的经验预报，而运用什么样的理论，建立何种理论模型进行预报，并没有完全解决。许多预报系统都是以已发生滑坡的检验性预报来论证其可行性，没有真正经受工程实践的检验。滑坡预报还是一个处在探索研究中的问题。

近些年来，滑坡预报研究发展较快，在研究方法和手段上都在不断地创新，随着一些新的、先进的技术手段的应用与发展，一些相邻学科的渗透和新学科的兴起，为滑坡预报研究提供了新的理论方法和观测、实验、计算手段，这必将推动滑坡预报研究的迅速发展。

7.2 地质灾害气象预报产品发布及应用

7.2.1 地质气象灾害预报产品发布

为有效避免和减轻地质气象灾害给人民生命财产造成的财产，必须认真做好地质气象灾害调查评价、排查巡查、避让搬迁、群测群防等工作，特别是地质气象灾害预报预警工作。从2003年开始，每年汛期（5—9月）由国土资源部和中国气象局共同开展全国地质灾害气象预报预警工作，并以两部门联合发文的形式向省（自治区、直辖市）、地（市）、县（市）推进此项工作。由此开始，在气象部门内掀起了深入开展地质气象灾害研究的热潮，在研究的基础上开发成业务系统，并会同当地国土资源部门联合开展了地质灾害气象条件预报，并通过电视、报纸、网络、电台等媒体向公众发布，及时将预警信息传送到受影响的群众手中，同时还以决策服务材料的方式向各级政府部门提供。

地质灾害气象预报预警共分为5个等级：1级为可能性很小，2级为可能性较小，3级为可能性较大，4级为可能性大，5级为可能性很大。一般预报出有3级以上的等级时才对外发布。

7.2.2 地质气象灾害减灾辅助决策系统

7.2.2.1 地质气象灾害减灾辅助决策系统构成

地质气象灾害减灾辅助决策系统是为地质气象灾害防灾减灾组织和指挥者提供的系统工具，实际上是一套利用现代信息技术开发出的、具有多部门共享的大量信息和信息快速交换、处理能力的信息系统。它主要具有如下功能：信息快速收集能力、信息快速查询能力、信息快速综合分析能力、海量数据的管理能力、拥有大量地质气象灾害相关的历史和实时信息。因此，它主要由以下功能模块构成（图 7.2）：

（1）具有地理信息、气象信息、地质气象灾害信息、经济社会信息、抢险救灾信息的历史数据库，并可以实时更新；

（2）可以做到信息快速收集和交换的信息网络系统，其特点是多个地质气象灾害减灾防灾部门相互联通，并进行数据共享；

③地质气象灾害风险区划、评估模块；

④地质气象灾害预报模块；

⑤地质气象灾害评估模块（灾前、灾中、灾后评估）；

⑥地质气象灾害抢险救灾辅助决策模块。

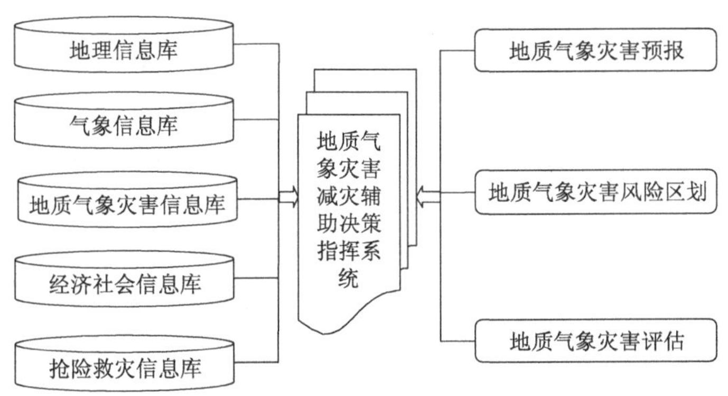

图 7.2 地质气象灾害减灾辅助决策系统结构图

7.2.2.2 地质气象灾害预报产品应用

我国是地质灾害分布十分广泛的国家，针对这种点多面广的分布特征，在 20 世纪，我国就提出了“以防为主、防治结合”的地质灾害防治方针，因此，建立健全地质灾害监测预报系统，在地质灾害减灾防灾中占有极其重要的地位。这里主要介绍不同时间尺度的山体滑坡预报及其在防灾减灾中的作用。

表 7.1　不同时间尺度的山体滑坡预报及其在防灾减灾中的作用

预报分析产品	时间尺度	空间精细程度	预报方法	在防灾减灾中的作用
山体滑坡危险性分区	多年平均	宏观区划	对多种相关历史资料进行统计分析	是山体滑坡防治工作的基础，指导规划、工程治理、指导山体滑坡监测预报体系建设
山体滑坡年度趋势预报	年度	宏观预报，可精细到县市	统计方法	用于制定山体滑坡年度防治预案
山体滑坡季度趋势预报	3 个月	宏观预报，可精细到县市	统计方法	用于制定山体滑坡季度防治预案
山体滑坡月预报	1 个月	宏观预报，可精细到县市	统计方法	用于制定山体滑坡月防治预案
山体滑坡短期预报	1 天～1 个月	宏观预报，可精细到乡镇	统计或动力方法	用于指导减灾行动
山体滑坡预警	3～24 小时	滑坡单体预报	统计或动力方法	用于指导减灾紧急行动

7.2.3　地质气象灾害预报产品应用实例

7.2.3.1　香港的山泥倾泻预警系统

香港的山泥倾泻包含了浅层滑坡和坡面泥石流的概念。20 世纪 80 年代初期，香港政府土力工程处设立了覆盖全港的降雨自动监测网络。此后，该监测网络又得到不断完善。目前由土力工程处管理的 86 个自动雨量计和由香港天文台运作的 24 个自动雨量计通过先进的数据采集和传输系统每 5 分钟向土力工程处传送降雨数据。1984 年香港政府启动了山泥倾泻预警系统，确定 1 小时降雨量 75 mm 和 24 小时降雨量 175 mm 为山泥倾泻警报的临界降雨量。香港的预报结果显示，1 小时降雨量大于 75 mm 时，平均发生山泥倾泻 35 处，实际发生山泥倾泻 5～551 处。自从预警系统启动以来，平均每年发布 3 次山泥倾泻警报，实际警报一年 1～5 次。山泥倾泻警报发布通常在每年的最强降雨时段。另外，即使降雨量低于警报值，但是当 1 天发生山泥倾泻 15 处或更多时，山泥倾泻警报也会立即生效。

为了不断修正和完善山泥倾泻预警系统，1984 年以后，香港政府加大了对山泥倾泻的研究力度，除每年进行调查、出版调查报告以外，特别加强从更深层次上研究山泥倾泻-降雨关系、山泥倾泻分布发育规律、降雨入渗水文地质模型，以及应用概率统计和其他数学方法建立更精确的山泥倾泻-降雨关系。

7.2.3.2 美国加利福尼亚州旧金山湾滑坡、泥石流预警系统

1982 年 1 月 3—5 日，美国加利福尼亚州旧金山湾地区 34 小时内降雨 616 mm，在 10 个县内诱发了数千处滑坡、泥石流，造成 25 人死亡，6600 万美元直接经济损失。随后，美国地质调查局立即启动了旧金山湾地区详细的滑坡、泥石流灾害调查研究项目，同时与国家气象局一起筹备建立实时的滑坡预警系统。项目组成员分成数个小组分别从现场调查、历史数据分析、理论模型等不同方面研究滑坡、泥石流的发育特征和发生规律。在查清滑坡、泥石流发育特征、分布规律的基础上，对旧金山湾地区做出了详细的滑坡、泥石流灾害敏感性分区，据此布设了覆盖全区的 45 个遥测雨量计。旧金山湾滑坡实时预报系统于 1985 年正式建成。1986 年 2 月 12—21 日，旧金山湾地区降雨 800 mm，根据遥测雨量计实时数据和国家气象局预测的降雨变化趋势以及已有研究结果，美国地质调查局依据对实际条件的判断和国家气象局预测的未来 6 小时可能降雨 50 mm，联同国家气象局于 1986 年 2 月 14 日 12：00（太平洋时间，下同）第一次发出未来 6 小时泥石流、滑坡灾害警报，并直接通知加利福尼亚州地质人员和该州紧急服务办公室做好应急准备。警报发出时，整个旧金山湾地区的前期降雨量已经超过预测临界值 250～400 mm，加之旧金山湾的 Lexington 地区山坡植被曾被大火烧光，坡面裸露，因此美国地质调查局与国家气象局于 2 月 17 日 02：00 发出第二次灾害警报，预报 1986 年 2 月 17 日 02：00 至 2 月 19 日 14：00 的 60 小时内 Lexington 可能发生滑坡、泥石流灾害，第二次警报与当地的山洪警报一同发出。暴雨之后，研究人员调查了 10 处已知准确发生时间的滑坡、泥石流与预测结果进行对比，发现其中 8 处与预报时间完全吻合，其余两处滑坡发生稍早或稍晚于预报时间。从总体上看，美国对旧金山湾滑坡泥石流的实时预报是非常成功的。

1986 年的预报实践后，美国地质调查局研究人员根据实地调查结果，结合现场监测和理论分析，对预报模型又作了进一步的修正，并于 1991 年、1992 年和 1993 年暴雨期间发出 3 次建议性的警戒提示。

旧金山湾地区滑坡、泥石流的成功预报后，夏威夷州、俄勒冈州和弗吉尼亚州分别于 1992 年、1997 年和 2000 年在滑坡、泥石流频发区建立了类似的预报模型，并进行了数次实时预报。

此外，美国地质调查局研究人员于 1993 年在加勒比海的波多黎各也建立了与旧金山湾类似的预报模型。目前，美国地质调查局研究人员已经或正在加勒比海其他国家，如委内瑞拉、萨尔瓦多、洪都拉斯等，建立滑坡、泥石流实时预报系统。

尽管后来旧金山湾滑坡实时预报系统被迫中止，但旧金山湾地区的滑坡、

泥石流研究工作一直继续。1997 年，美国地质调查局在进一步研究成果基础上，修正了旧金山湾模型，初步完成了旧金山湾地区泥石流启动的 6 小时、24 小时临界降雨量等值线图（Wilson 2003）。

2000 年美国地质调查局制定的未来十年"全国滑坡灾害减灾战略框架"中计划：①重新启动旧金山湾地区滑坡、泥石流实时预报系统；②选择其他的滑坡灾害多发区，建立类似预报系统；③加强滑坡机理和发展过程研究，进一步完善预报模型；④编制更实用的四类滑坡灾害图（滑坡分布图、滑坡敏感性分区图、滑坡灾害概率图、滑坡灾害风险图），为各级决策者制定减灾对策提供更有效的服务。

7.2.3.3 中央气象台地质灾害气象预警业务系统

在我国，中国气象局和国土资源部于 2003 年 4 月 7 日签订了《关于联合开展地质灾害气象预报预警工作协议》，并于当年 6—9 月的地质灾害高发期开始发布地质灾害气象预报预警提示信息，提醒预警区居民和有关单位防范地质灾害，注意人身和财产安全。

中国气象局中央气象台就降水诱发地质灾害气象预警方法，先后经历了三个阶段：首先是结合地质部门提供的全国 28 个大的分区，针对每个分区，通过历史案例进行统计分析，建立各分区的雨量阈值；第二阶段实现了实质性的跨越，运用统计学方法，将动态的降雨输入与相对静态的灾害危险性分布结合起来，拟合降雨触发地质灾害的发生概率，建立了综合地质、地理要素和降水动态因子的地质灾害气象预警模型；第三阶段开发区域精细化地质灾害预报系统，选择对地理背景复杂、地质灾害频发的云贵川渝地区展开深入细致的研究，结合中尺度数值预报进展，与成都山地灾害与环境所合作开展云贵川渝滑坡泥石流预测预报方法研究，在汛期地质灾害高发阶段，实现重点区域的精细化预报。经过 4 年的科研攻关和开发，已经从初期针对大的分区运用单纯临界雨量的方法，发展到提供全国分县、重点区域 3 km 分辨率、每 12 小时时段的降水诱发滑坡和泥石流的预报。

从 2003 年 6 月 1 日地质灾害气象预警业务系统正式启动以来，系统运行状态良好。先期投入业务运行的是基于地质部门地质分区建立的基于降水的地质灾害预警模型；2004 年、2005 年汛期，将试验的基于地形坡度和降水因子的动态地质灾害预警模型投入业务运行，为预报员提供地质灾害预警的数值产品；2006 年汛期，将基于地质地貌因子，并将降水因子和中尺度降水预报作为动态输入的地质灾害预警模型投入业务运行，作为地质灾害预报的第一参考；云贵川渝滑坡、泥石流预测预报系统投入业务试验。据统计，仅 2003 年汛期，全国共发布地质灾害气象预报预警信息 500 多次，通过群测群防体系，各地共成功避让地质灾害697起（次），避免了29514人的伤亡，减少经济财产损失超过4亿元。

2006年第4号热带风暴“碧利斯”于7月14日12：50在福建霞浦一带沿海登陆，登陆后减弱的低压一直维持到18日，造成南方出现大范围连续3～5天强降水，局部地区累计降雨多达400～500 mm，湖南、江西、福建、广东、广西和云南多处山地灾害频发，灾情严重。2006年7月13—18日，中国气象局专业气象台与国土资源部联合，共发布了6期《地质灾害气象预报预警》预报，并全部在晚间19：35于央视一套播出。其中，15日、16日，针对连续强降水带来的地质灾害做出最高级别5级的地质灾害气象预警。

为做好对全国抗击地质灾害的指导与服务，中国气象局中央气象台在2006年7月14—18日每天增发当天08：00未来24小时地质灾害气象预报，在中央气象台全国天气大会商上，对强降水诱发的地质灾害预报作专题会商发言，根据最新得到的气象观测信息及时与全国地方气象台站进行分析会商，充分发挥了抗击地质地质灾害的指导作用。

7.3 地质气象灾害信息传递与恢复重建

7.3.1 地质气象灾害信息传递

在地质气象灾害信息传递中主要包括地质气象灾害监测信息和预警信息的传递。根据国家突发地质灾害预案的有关规定，各级人民政府要建立以预防为主的地质灾害监测、预报、预警体系，开展地质灾害调查，编制地质灾害防治规划，建设地质灾害群测群防网络和专业监测网络，形成覆盖全国的地质灾害监测网络。国务院国土资源、水利、气象、地震部门要密切合作，逐步建成与全国防汛监测网络、气象监测网络、地震监测网络互联，连接国务院有关部门、省（区、市）、市（地、州）、县（市）的地质灾害信息系统，及时传送地质灾害险情、灾情、汛情和气象信息。

地方各级人民政府国土资源主管部门和气象主管机构联合开展地质灾害气象预报预警工作，并将预报预警结果及时报告本级人民政府，同时通过媒体向社会发布。当发出某个区域有可能发生地质灾害的预警预报后，当地人民政府要依照群测群防责任制的规定，负责将有关信息通知到地质灾害危险点的防灾责任人、监测人和该区域内的群众；各单位和当地群众要对照“防灾明白卡”的要求，做好防灾的各项准备工作。

7.3.2 灾后恢复重建

地质灾害发生后，最为重要也是最为紧迫的任务就是灾后的恢复重建。主要从以下几方面入手。

7.3.2.1 重视灾后恢复重建工作

灾后恢复重建工作直接关系到受灾群众的切身利益，关系到灾区生产生活秩序的尽快恢复，关系到灾区社会的和谐稳定。各级政府有关部门必须积极动员和组织人力、物力、财力投入到灾后恢复重建中去。要深入到灾后恢复重建第一线，查实情、办实事、解难事。要认真制定灾后恢复重建方案，增强工作的前瞻性和系统性。

7.3.2.2 抓紧抢修毁坏基础设施

往往一次大规模的地质灾害（暴雨型滑坡、泥石流等）的发生是在强降雨的基础上诱发的，强降水的发生通常会造成洪涝灾害，与地质灾害一起造成较为严重的损害。发生地质气象灾害后要根据损毁程度迅速制定出恢复重建方案，要列出时间表，倒排工期，责任到人，抓紧城乡供排水工程恢复，及时抢修电力和通信设施，检测维护天然气供应管网，疏通各类交通通道，维护广播电视传输网络，尽快恢复与人民群众生产生活息息相关的基础设施功能，保证正常供水供电、天然气充足供应、通信与道路畅通、广播电视节目传输等。

7.3.2.3 妥善安排受灾群众生活

灾情发生后首要的问题是安排好受灾群众的生活，及时安排发放救济粮款，妥善安置好无家可归的灾民，切实抓好灾民住房恢复重建工作，帮助他们选好住址、做好规划、筹好资金，确保受灾群众尽快搬进新居。要帮助灾民解决吃、穿、住、医等方面存在的实际困难和问题，确保受灾群众有房住、有饭吃、有衣穿、有干净水喝、有病能得到及时治疗。

7.3.2.4 积极开展工程治理

地质灾害发生后，有关部门应该详细勘查当地的地质环境特点，因地制宜有针对性地开展地质灾害工程治理工作。对于不适合人居住的地方进行清理和搬迁，确保再次出现地质灾害后不会造成人员伤亡和财产损失。

7.3.2.5 大力营造良好环境

广大党员、干部要深入灾区第一线，把党委、政府及社会各界人士的关切之情迅速转达到受灾群众，把各项灾后恢复重建措施落到实处。广泛发动轻灾帮助重灾，无灾帮助有灾，对口帮扶救灾，深入开展救灾济困捐赠活动。抓好灾情严重和灾民集中地区的社会治安综合治理，严厉打击趁火打劫、偷盗破坏抢险救灾物资设备、造谣惑众、哄抬物价、欺行霸市等违法犯罪行为。新闻媒体要大力宣传灾后恢复重建工作中的典型事迹，用正确的舆论引导、鼓舞和激励广大干部群众，增强战胜灾害、重建家园的信心。

附 录 地质气象灾害重大灾例

1 重大山体滑坡灾例

1.1 国内重大滑坡灾例

(1) 四川雅江县唐古栋大型滑坡

雅江县位于四川省甘孜州南部，东邻康定县，南界凉山州木里县，西南靠理塘县，北连道孚、新龙县，面积 7637 km^2。雅江，古名“河口”，藏语称“亚曲喀”，因雅砻江由西北向南纵贯全境，后更名为“雅江”。雅江县地处川西北丘状高原山区，地势北高南低。县境属大雪山中段西沙鲁里山。西南部是极高山地貌，海拔 5000 m 以上；中部为河谷地貌；东北和西北部为山原地貌。大部分地区海拔 3000 m 以上，山脊超过 4000 m，海拔 5000 m 以上山峰 35 座。属青藏高原亚湿润气候区，年降水量 650 mm。属地质灾害多发地带。

1967 年 6 月 8 日 09：00，四川省雅江县孜河区雨日村西南约 1 km 的雅砻江右岸唐古栋，约 7000 万 m^3 土石在 5 分钟之内崩塌入雅砻江中，从滑坡后缘到坡脚高差 1030 m，最大水平长度 1900 m，最大宽度 1300 m，这样大规模的滑坡是国内少见的。形成一长约 200 m 的堆石坝，左岸坝高 355 m，右岸坝高 175 m，坝内形成一暂时性水库，水位不断升高，蓄水达 6.8 亿 m^3，回水长达 53 km。坝下游曾断流，200～300 km 范围内均出现了全年最低水平。6 月 17 日 08：00，库水翻坝流出，14：00 溃坝，造成非常规性洪水，在坝下游 10 km 处水位上涨达 48 m，流量达 62100 m^3/s。盐源县金河水位上涨 30 m,米易县小得石上涨 16.6 m，会理县鱼鲊上涨 12.4 m。这一影响一直到 1300 km 以外的宜宾市还可看到。对下游沿江两岸土地造成强烈侵蚀，初步估计因山崩及溃坝后洪水的侵蚀，进入红河的泥沙量即达 1 亿 m^3 以上。据西昌、米易等 8 个县不完全统计，共毁田地 233 hm^2、房屋 435 间，冲走牲畜

131头、粮食79吨，毁坏公路51 km、桥梁8座、涵洞47座，洼里、沪宁等三个水文站的全部设施被冲毁，死亡人数无统计数字。溃决时，那天正赶上传达“最新指示”，沿江20余个村的乡亲们十有八九都集中在村头晒谷场听广播，直接经济损失1000万元以上。

（2）重庆市云阳县鸡扒子滑坡（李云华等 2004）

重庆市云阳县地处重庆东北部、三峡库区腹心地带，东邻奉节县，西连万州区，北接开县、巫溪县，南界湖北省利川市。云阳地处川东平行岭谷区，地形近似以东南西北为顶点的菱形。长江由西向东中分县境，境内航段长达68.1 km。县境内盆中丘陵向盆边山地过渡地带，谷、丘、山俱全，海拔高低悬殊，最高为1714 m，最低为95 m。县境地处四川盆地中亚热带湿润区，季风明显，气候温润，四季分明，雨量充沛，年降雨量1145 mm，呈典型的立体气候。在这种地理气候条件下极易发生地质灾害。

鸡扒子滑坡是宝塔老滑坡体的部分复活（约占2/5），位于云阳县城东，发生于1982年7月17—18日。滑坡体面积约0.77 km^2，1300余万 m^3 的滑体下滑100～200 m，其中上百万立方米的土石体及位于其前缘的县冷冻库、饲养场、卫生院等10余个单位的建筑物、设备全部推入长江中。230万 m^3 土石体直抵河床并达彼岸，形成一个高达30余m的水下大坝，致使700余m宽的河床被压缩，航道由120 m宽压成40 m，过水断面由2700万 m^2 缩减为320万 m^2，在当地水位14 m多时，滩上的流速便超过原来的青滩最大流速。上水客货轮要在绞滩船或大型拖轮协助下才能逆水上行过滩，严重地阻碍长江航运，致使鸡扒子成为川江上最大、最恶的险滩，直接经济损失600万元，间接经济损失3000万元（整治费）。

鸡扒子滑坡复活的最主要原因是暴雨的触发。1982年7月16—29日，云阳县连降暴雨，过程降雨量和最大日暴雨强度均为近百年罕见，月降雨量达633.2 mm，24小时内最大降雨量240.8 mm，1小时最大雨强38.5 mm。暴雨使全县发生了2万余处滑坡、崩塌和错落，并形成数百处较大的地面裂缝，其中有的长达数千米。这次滑坡使大片良田被毁，倒塌危房数万间，多数公路及通信中断，溪河被堵，长江成滩。滑坡0.3 hm^2 以上者数千处，3.3 hm^2 以上的106处，大型、巨型滑坡十余处，其中鸡扒子滑坡是其中最严重的一处。鸡扒子滑坡启动的前夜恰是暴雨高峰期，在暴雨的作用下，位于老滑体上的天然排水沟——石板沟沟壁土石因泡水发生滑塌，排水沟被堵、排水失效，大量地表水流沿老滑坡体西部后缘裂隙灌入坡体，使坡体中的土石泡水软化，强度大大降低。同时，地下水位急剧抬升，孔隙水压力和动水压力、静水浮托力猛增，为老滑坡的复活提供了充分的条件。17日20：00滑坡开始向下蠕滑。18 日 02：00，部分老滑体开始剧烈滑动，并将滑体前缘部分推入江中，最大滑速达 12.5 m/s。鸡扒子滑坡还有一重要的诱发因素，即在滑坡发生前，老滑体前缘因江水冲刷和人工取土、采石形成了高达百余米的江边陡坎，沿坡的复活正好发生在这个遭受自然和人为因素破坏的最严重部位。老滑体未遭破坏的地段在这次大暴雨中则安然无恙。

(3) 甘肃东乡洒勒山滑坡

甘肃省临夏回族自治州的东乡县位于甘肃省中部，北靠永靖县，西接临夏市，南连广河、和政二县，东邻临洮县，距省城兰州 100 多 km。东乡县三面环水，夹于黄河及其支流洮河、大夏河之间。县境内大多是黄土梁峁丘陵地貌，沟壑纵横，层次复杂，山坡无明显走向。这一地区又位于我国西北内陆，属温带半干旱大陆性气候，年降水量仅为 250～350 mm。由于地形地貌、气候等条件，使东乡成为滑坡比较严重的地区。

东乡县城东北方向有一条巴谢河，河水顺着山谷由西向东流去。巴谢河边有个新庄村，村子北靠洒勒山、南依巴谢河，村边公路是东乡通往兰州的交通要道。村北的洒勒山海拔 2283 m，自然坡度为 40°，相对高度差有 300 多 m,是一座看似很平常的黄土山。然而就在这座山上发生了震惊中外的大滑坡。

1983 年 3 月 7 日，一位东乡族老人从山下苦顺村探望出嫁的女儿回来，当他翻过了洒勒山，跳过已开裂的地缝，突然听到一阵巨响，老人惊得双腿发软，过了一阵回头一看，刚刚走过的洒勒山头竟然神奇般地消失了。山那边的苦顺村也不见了，身后的房子、树木、小路全都没有了。老人的脚下，成了一片黄色的“海洋”。

与这位东乡老人所经历的同时，洒家河坝上一户农民正在河畔耕地。突然，一阵闷雷声把他们从劳动中惊醒。当他们向洒勒山望去时，只见山上尘土飞扬，整个山体塌落下来。他们忙丢下农具拼命跑，黄土已冲到脚下，差一点就被黄土掩没了，可田地、耕牛、农具全埋在厚厚的黄土之中。

滑坡发生时，正在洒勒山上干活的七位农民还不知怎么回事，就和脚下的土地一起从山顶滑落下来。其中一个人紧紧抱着身旁的一棵大柳树，人和树随滑坡向下冲了 500 多 m 才停了下来。他竟然毫发未伤，可与他同时干活的 6 人却全被黄土所覆没。

洒勒山的滑坡体下落达 300 m，又顺势向南推进 1600 多 m，直冲到巴谢河南岸，将河道堵塞。巴谢河上很快积成一个大水潭。新庄村整个被向南推移了 800 多 m；而苦顺村则滑入一座小型水库中，巨大的土方一下子就将水库填满，剩余的库水全涌入下面的王家水库，上游 6700 余亩土地从此无法灌溉了。

东乡县到广河县的公路有 1 km 的路基被大滑坡冲得无踪无影。滑坡发生时，正在这一段公路上行走的十几个人全葬身在土海之中。附近 6 个生产队 35 名正在田间耕作的人被滑坡无情地吞噬。洒勒、苦顺、新庄、达浪等几个村庄有数十人死亡，有 4 户全家遇难。500 多间房屋被毁，损失大牲畜 150 多头，羊 280 多只。滑坡冲过的 2 km^2 地面上的建筑物荡然无存，3000 多亩良田被毁。

洒勒山滑坡规模巨大，所造成的损失较为严重，引起了国内外专家的极大关注。除了国内许多科研院校、有关部门的专家到现场考察与研究外，英国、法国、日本、意大利、荷兰等国家的许多科学家也多次来到这里考察。

洒勒山滑坡体也就是垮塌下来的土石岩体，东西宽 800 m，南北长 900 m,滑坡体体积 3100 余万 m^3。在山的侧面形成一个长 800 m、高 220 m，坡度为 40°～70°的滑坡壁，在滑坡壁前还形成深 60 m 的滑坡洼地和高 70 m 的滑坡山丘。经科学家的估算，这次滑坡向下滑动的速度为 20 m/s。

洒勒山滑坡是黄土重力推移式滑坡。由于这里黄土结构松散，垂直裂隙发育，透水性强，当外部条件使得黄土的强度大大降低时就易产生滑坡。黄土滑坡多发生在黄土高原边缘或河流峡谷的高陡谷坡上，呈多群体出现，且滑坡规模较大、滑速较快。

这次滑坡有着许多早期前兆、短期前兆和顺滑前兆现象。早在 1979 年的 9、10 月，洒勒山顶的北坡就出现长近百米、宽 1～2 cm 的裂缝。裂缝不断发展，到 1982 年春季已发展到长数百米，宽 20 余 cm。当地政府派人察看后，立即动员处于裂缝区的 7 户人家搬迁。然而，由于缺乏滑坡知识，这 7 户人家只是从山上搬到山下，并未躲开危险区，结果仍然成为这次大滑坡的牺牲者。

1983 年 2 月中旬，北坡的裂缝已发展到宽 40 cm，而且两侧裂缝已扩展到苦顺和三台子村。3 月初，山顶的裂缝已加宽到 80 cm，村中的窑洞和水窖也发生了变形。3 月 3 日晚上，几户人家的房架嘎嘎发响，有人感到山在摇动，听到地下有隆隆的响声，山崖边开始出现裂缝，并向下掉土。3 月 5 日，山沟中的泉水由清变浑，村中的鸡狗乱飞、乱蹦、乱叫，表现惊慌不安，山崖边的掉土现象也在加剧。3 月 6 日洒勒山顶的裂缝已发展到 1m 宽，东西两侧的裂缝宽度也达到 0.7～0.8 m。7 日滑坡体前缘出现裂缝和变形，山体上的裂缝开始发生崩塌，有的裂缝向外喷出热气，公路上的桥梁已变形开裂。种种的迹象都在预示着一场大灾难即将来临。虽然当地政府也实施了转移疏散等应急措施，但由于人们缺乏科学的滑坡知识，对大滑坡将产生的严重后果估计不足，结果还是有许多人没有离开危险区，导致了无可挽回的生命财产巨大损失。

东乡洒勒山滑坡的发生还有一个重要的诱发因素，就是坡前小水库的修建造成的地下水位上升，使厚层黄土下的第三系泥岩处于长期浸泡状态并不断泥化呈黏泥状，从而降低了泥岩的抗剪强度，因而造成上层黄土的滑动。

这次大滑坡灾难给了人们深刻的教训，对自然界的各种异常现象绝不可大意。有些异常现象预示着灾难的来临，一定要以审慎的科学的态度分析自然界的现象。另外，我们在修建一些大型的水利工程或建筑工程时，一定要对周边的环境作细致的考察，科学地论证这些工程对自然环境将产生的影响，避免产生人为的破坏，从而降低自然灾害的发生。

（4）长江西陵峡新滩大滑坡

湖北省宜昌市长江上游 72 km 的秭归县兵书宝剑峡出口处，是历史上有名的急流险滩——新滩“鬼门峡”。它由上、中、下三滩组成，长 1 km，落差 8 m。

新滩原名“豪三峡”，这里原本没有大滩，后因山崩滑坡形成一块河滩地，从而得名。史料记载，新滩曾发生过数十次大小不等的滑坡，造成过极大的危害。如明嘉靖二十一年（公元 1543 年），新滩一带久下暴雨，引发大滑坡。“新滩北岸山崩五里，逆浪百余里，江塞，舟楫不通，压居民百余户。”这次大滑坡堵江达 82 年，直到天启四年（公元 1625 年）才疏凿通。

由于新滩地区滑坡灾害非常严重，所以我国的科学工作者从 1974 年起，就在滑坡体的不同高度布设准测线和监视点。

1982 年，科技工作者发现古滑坡从沉睡中复活了。1983 年 5 月呈现出 1300 万 m^3 整体滑移迹象。1984 年底，在很可能发生滑坡的北岸姜家坡一带山体南偏西方向，已具备了整体滑移的边界条件。1985 年 6 月种种迹象显现了一系列大滑前兆。6 月 9 日中午科技人员在观测场测量时，感觉有一种火辣辣的热风从地下吹出。不久，人们便测听到地表石块的滚动声和源层发出的异样响声。6 月 10 日 04：15，发生一次近 70 万 m^3 的局部滑动，这预示着巨大的滑坡灾难正向千年古镇新滩走来。

6 月 9—11 日的三天内，在山体 380～400 m 高程一带，南坡变形体前缘开始鼓胀、剪出，潮湿现象日甚一日，地表急剧加速变形。后缘广家崖坡脚下坐近 5 m，变形的坡体上突然增加了羽状裂缝，地表像面团一样被揉褶得很厉害，中部急速隆起，局部出现鼓包，约 1300 万 m^3 的坡体从西到东出现阶梯状沉陷的纵向拉裂。在这个时候，观测数据也反映出位移和沉降速度在加快。

滑移沉陷曲线和大滑动前的水平位移益线明显反映危险的临近。湖北省西陵峡岩崩调查工作处接连发出险情预报和险情紧急预报。根据科技人员的预报，从6月10日下午当地政府就组织危险区的群众开始进行紧急疏散搬迁，居民的生活用品和能带的财物被集中到沿江东侧的安全地带。6月11日17：00，险区实施戒严，新滩镇及周围地区已空无一人。8个小时后，在没有任何明显外因的触发下，大滑坡发生了。

6月12日03：30，山坡的西侧发出一阵闷雷般的巨响，15分钟后东侧也发出同样的轰鸣声。紧接着，约800万 m^3 的土石像被一个巨大的砍刀从毛家院后约400 m高的山上劈了下来。大部分土石沿西侧沟槽飞泻入江，另一部分滚石因地形抑制受阻扑向东南。在强大的冲力和堆积加压的作用下，毛家院以下3000万 m^3 的土石迅速解体，以排山倒海之势直冲而下。山下那座经历了唐宋明清千年风风雨雨、面积仅有0.68 km^2 的千年古镇——新滩镇瞬间便消失了，被深深埋在土石之下。

中部滑坡继续向长江滑移，滑入长江的土石虽然仅有260万 m^3，却使长江出现瞬间断流。江中激起的巨浪高达54 m，把对岸高出江面20余m的一座仓库和一座发电房卷入江中。涌浪波及到上游15.5 km的秭归县城，及下游26.6 km的三斗段，冲翻了江中13艘机动船，其中7艘沉没；另有64只小木船被掀翻，沉入江底，10多名船工被淹死。大滑坡东西两侧的小崩滑一直持续了三天。大面积的土石滑动产生了强大的电磁感应，使附近电网受到影响，周围村镇的电灯泡突然暗淡无光，直到滑坡结束才恢复了正常。

事后调查，新滩滑坡南北长1.7 km，东西平均宽400 m，滑坡体超过3000万 m^3，受灾面积5.24万 m^2，共摧毁房屋15691间，481户无家可归；塌毁农田780亩，柑橘34000多株；来不及带走的粮食、农具等生活生产用品尽埋土中，经济损失达800多万元。所幸的是由于事先有了防范，新滩古镇无一人伤亡。

在世界滑坡史上，如此大规模的滑坡能及时准确地预报成功，使损失减低到这么小的程度，不仅在国内而且在国际上也是罕见的。因此，此次防灾被人们誉为了不起的世界奇迹！

1.2 国外重大滑坡灾例

(1) 巴拿马运河区滑坡

巴拿马共和国位于中美地区，南濒太平洋，北临加勒比海，东与哥伦比亚为邻，西邻哥斯达黎加，面积77082 km^2。巴拿马境内山脉众多，沟谷纵横，运河以西火山活动极为频繁。

巴拿马运河总长81.3 km，宽91～304 m，是沟通太平洋和大西洋的重要国际水道。运河于1914年建成，建设历时30年。工程从开凿开始，就遇上了滑坡这一叫人头痛的难题。

巴拿马运河地区的地层为安山凝灰岩、块集岩及熔岩，这些岩石的上面覆有黏土页岩和砂页，而它们的上部有厚122 m的含有火山物质的细粒砂质、黏土质岩石，在该层形成了宽约1600 m的向斜构造。在向斜的深部，正好与凿穿分水岭的运河河槽相交。分水岭长14 km，开挖工程破坏了向斜构造处的稳定性，使滑坡灾害屡屡发生。

曾成功开凿苏伊士运河的法国工程公司在巴拿马运河开凿中遇到前所未有的困难。施工中，这里多次发生大大小小的滑坡，大量的滑坡体拥塞刚刚开挖好的河道，从而造成实际开挖的工程量比原设计的土石方量多出好几倍。加上黄热病流行及其他一些困难，法国这家承包公司无力完成这项不断重复的开挖工程，并因此而破了产。

1902年以后，美国的一家公司接管了大运河的修建工程。然而美国人的运气并不比法国人好。1912年，当美国人正在施工时，发生了库莱布大滑坡，这一巨型滑坡的体积为5500万 m^3。库莱布滑坡属于在卡卡劳哈蒙脱土质岩中的渐进式破坏类型滑坡，这次滑坡给施工带来巨大损失。

第一次世界大战的烽火在欧亚燃烧时，巴拿马运河的战略地位更为突出，运河的施工也在加紧进行。但在施工中，运河区又连续发生多次滑坡，滑坡不仅严重阻碍了运河的施工，同时也严重威胁着运河近岸永久性建筑物的安全。面对运河滑坡这一难题，施工人员采取了包括削坡在内的一系列防治措施，并先后清除了多达4500万 m^3 的土石，才使运河的施工得以顺利进行，同时为运河以后的航运安全提供了保障。

然而，巴拿马运河区的滑坡仍然频繁发生。滑坡的频繁发生是多种因素造成的：运河区岩性软弱，工程地质条件很差，在运河水流的冲击下，工程地质条件变得更加恶劣，这是滑坡发生的内在因素。外界环境上看，运河地区属热带雨林气候，植被茂盛，降水量充沛，一年之中有8个月时常降雨，年均降雨量高达2159 mm。这些因素的叠加在一起，使得巴拿马运河区成为滑坡易发、多发的温床。所以早在1898—1910年期间，就有许多国家的地质专家向施工者明确指出：运河区岩石性质不好，存在着严重的滑坡危害，建议采取必要的挽救和预防措施。令人遗憾的是，这些正确的意见并没被施工部门重视和采纳，从而导致了以后滑坡灾难的不断发生，也留下了无穷的后患。1936年，科学家特扎格海就曾经写到：“我们曾对巴拿马运河的深切割岸坡会引发大灾难性滑塌事件发出过警告。但要预测运河工程的后果，实际上已超过了我们力所能及的范围。”

在特扎格海发出警告后不久，巴拿马运河又发生巨大的滑坡。一夜之间，从10 m水深的运河底部凸起一个小岛，巨大的滑坡体堵塞并完全封锁了运河，直到1959年滑坡体才得以清除，运河才恢复通航。巴拿马运河的开通给大洋通航带来极大便利，但它不断发生的滑坡又给人类以深刻的教训。河道两岸、海堤、湖岸的边坡稳定性问题由此被人们所重视。实际上，所有的河道开挖、修堤筑坝工程都有滑坡的问题。如果人们忽视了它的危害，其造成的灾害有可能是巨大的。

（2）瑞士滑坡

瑞士位于欧洲的中部，它不仅是世界的钟表之都，而且也是一个风景秀丽的国家。这个面积不大的小国，大多数地域为山区，加上降水丰富，因而滑坡灾害十分严重，每隔几年都会有较大滑坡发生，给当地人民带来不少灾难。

瑞士罗斯伯格是一片山区，沿山谷有几个村庄。1806年9月2日，大地突然剧烈地颤抖起来，山上茂密的森林随着山脉的颤抖也像醉汉似的左右摇晃着。居民们感到很惊奇，因为这里很少发生地震，却想不出是什么原因，大家惊恐地张望着。紧接着，随着巨大的轰响，山的一边倒塌了，岩石像决堤的水直冲戈尔多山谷。山谷内烟尘冲天而起，岩石的撞击崩裂声在狭长的幽谷中隆隆回旋。仅仅只有几分钟，岩石泥土就填平了戈尔多山谷。山谷中的四个村庄全部被掩埋，800多人随着他们的家园顿时无影无踪。在这可怕的大滑坡中却出现了一个奇异的现象。紧挨戈尔多山谷的格里松斯镇有一个卡兰卡塞尔村，它位于山谷的另一侧。巨大的滑坡非但没有祸害到这个村子，反而将一大片森林从山谷的另一边整体搬移到了山谷的这一边，而且连一棵树的位置都没有变。大自然这一魔术般的奇迹，给卡兰卡塞尔村的村民意外地送来了几十年都用不完的木材。

仅仅过了两个月，即1806年11月2日，瑞士的果尔多村附近的罗斯堡山坡在没有任何前期征兆的情况下突然大面积下滑，岩石碎屑流一下就淹没了山谷中的果尔多村，邻近的几个村庄也遭到了严重破坏。前后不到2分钟，457条生命就被滑坡夺走了。果尔多村有几个年轻人反应极快，他们拼命与泥石赛跑，终于快速跳过了滑坡边缘的裂缝进入了安全区。他们死里逃生成为村里仅存的人，也是这次灾难的见证人。

果尔多滑坡的滑坡体为4000万 m^3，滑坡体物质分布的总长度约4.5 km，总面积达20 km^2。

瑞士帕拉顿伯考夫山的山脚下，有一个很出名的小山村埃尔姆村，该村盛产的板石是很好的建筑材料，畅销瑞士各地。早在1868年，在政府的赞助下，村民们就开始在山上开采板石。由于盲目开采，不到10年山顶就出现许多大大小小的裂缝，村民们时常听到山石的破裂声，不时还有山石滚落下来砸伤人和牲畜。大自然向人们发出一次又一次的警告。然而，缺乏科学知识的村民们并没意识到将发生的灾难，仍然大肆开采板石。很快，在山顶的下部形成了一个又深又大的采石场。

大山已无法再承受这严重的破坏。1881 年 11 月 11 日下午 5 时 30 分，随着一声惊天动地的巨响，帕拉顿伯考夫山顶突然崩塌，一团黑灰色的烟雾冲上天空，遮蔽了阳光，巨石、土块夹卷着树木冲下山来。紧接着，又连续发生两次山崩。这几次山崩，大约使 1000 m^3 的岩石直泻瑟恩夫谷底，山谷竟被崩落的岩石填高约 450 m。山脚下，10000 m^2 范围内到处都是崩落的山石。在这次山崩中，一家酒店和 30 栋房屋被夷为平地，150 人失踪。灾难的原因显而易见，村民们不讲科学，盲目滥采板石，是造成埃尔姆岩崩碎屑流的直接原因。

埃尔姆岩崩碎屑流是世界上著名的一次人为灾害，同时也是地质学家研究最多的一次灾难性地质事件。这种岩崩碎屑流滑坡，是指滑坡体虽已破坏，但仍保留层状外貌，在岩体的软弱破碎带形成的滑坡。埃尔姆岩崩碎屑流运动速度极快，在近于水平的塞思弗河谷中向前运动了 1.5 km，堆积物宽度 400～500 m，厚度从安特塔尔村的 50 m 左右到前缘的 5 m 左右。在平地上发生的这种远距离的运动，导致了许多人员死亡。科学家经过大量研究实例表明，所有导致碎屑流的大型岸崩（或岸滑），都会引起远距离的运动，科学界称为“超距”。因而，只要使用有效的仪器，对潜在的岩崩（或岩滑）可能产生的最大和最小运动距离做出预报，就可以拯救潜在岩崩（或岩滑）威胁区中的许多宝贵生命。

瑞士的滑坡分布较广，发生频度较高，除了前面所说的地理、气候条件外，强烈的新构造运动使得一些大山的坡度逐渐变陡，另外，岩石的严重风化作用又为滑坡的产生提供了物质条件。人为的破坏地理环境虽然是个别情况，但造成的恶果同样是惨重的。在这一美丽而富裕的国度里，人们已格外重视滑坡灾害的预测和防治。如今，这里的滑坡灾害已大大减少了。

(3) 美国滑坡引发水灾事件

美国位于北美洲，东、西、南三面临海，降水较为丰富。尤其在山区，雨雪天气往往促使滑坡的发生，而滑坡又容易造成水灾等次生灾害，这些灾害给当地居民造成巨大的伤亡和经济损失。

格罗文特山区位于美国怀俄明州的西北部，这里山体蜿蜒起伏，山土主要由石炭系黏土组成。虽然这里的经济比不上平原地区，但经济总体实力还比较强。由于格罗文特山区降水极为丰富，夏秋季节多暴雨，冬春时分多雨雪，因而这里的滑坡灾害与降水有关。这是因为，降雨和融雪浸入斜坡后，会在山体内造成较高孔隙水压力、静水压力和动水压力，从而提高了斜坡体下滑的能力；另一方面，雨水浸入坡体所造成的地下水浮力，又降低了滑体自重所产生的岩土抗滑摩阻力；第三方面，浸入坡体的雨水和雪水透过软化性能和水解性能，降低了滑动面岩土的抗剪强度，从而有利于坡体滑动。

1925 年 6 月 23 日，格罗文特山区经过冬春整整两季大雨雪的严重浸润，一个体积约 3800 万 m^3 的完整的庞大岩体，在没有任何征兆的情况下，突然滑入格罗文特河谷之中，岩体滑入河中发出的巨响在十几千米外都能听见。巨石掉到谷底变成岩石碎屑，掩埋了谷底的河水，又呼啸着冲过格罗文特谷底，凶猛地撞击到对面的峭壁，咆哮着冲起 100 多 m 高，而后形成一个高约 70 余 m、长约 1000 m 的坝体，完全阻塞了格罗文特河，河水逐渐灌满坝体后面的小盆地。

格罗文特河的断流并没引起人们的警觉。经过三个星期的蓄水盆地竟然变成了风景秀美的湖泊，这个湖泊就是有名的下斯莱德湖。下斯莱德湖长 6.5 km,平均宽约 600 m，最深处达 60 m，湖水库容量达 8000 万 m^3，沿湖两岸的许多大农场都被这个新湖所淹没了。由于湖泊的堵塞体渗漏相当严重，所以滑坡发生后的一年多时间里，下斯莱德湖水从未漫过坝顶。除了到这里游玩度假，人们并没有什么不祥的预感。

1926 年冬天，天气格外寒冷。格罗文特山区普降大雪，厚厚的积雪盖住了大地和山谷。1927 年 5 月，融雪和降雨把下斯莱德湖注得满满当当，湖水还在无终止地猛涨。1 月 18 日，湖水终于漫过了坝顶，堵塞物再也承受不住湖水的巨大压力，坝体的一部分溃塌决口，巨大的湖水顷刻间下降了 11 m，约 5300 万 m^3 的泄漏水淹没了下游 6 km 处的凯利镇。洪水冲入凯利镇时，涌浪高约 5 m，使整个小镇毁灭，多人被淹死。当洪水灌入第斯内克河后又引发了一场小洪水。洪峰一直波及到大坝下游 200 km 处的爱达荷福尔斯城。凯利镇在滑坡造成的水灾中覆没，给美国政府沉重的教训，使他们把防止滑坡所造成的次生灾害的发生放在了很重要的地位上。

1959 年 8 月 17 日，美国西部蒙大拿州的西南山区发生了赫布根湖 7.1 级地震。地震引发了麦迪逊坎宁滑坡。2140 万 m^3 的岩体和崩积物从约 500 m 高的地方滑入麦迪逊河峡谷。滑坡运动的最大速度高达 50 m/s，长约 1.5 km 的一段麦迪逊河谷及谷边 285 号公路均遭掩埋，并造成数十人伤亡。岩石滑坡体阻塞了河道，形成高约 70 余 m 的大坝，由此蓄水形成了长 10 km、深约 60 m 的堰塞湖。这个堰塞湖无疑对下游造成一种潜在的威胁。为了避免凯利镇的悲剧重演，堰塞湖形成不久，陆军工兵部队立即在堵塞体的顶部开挖了

5 m宽的泄流槽，通过流量 280 m^3/s 的水道，以使河水不致漫坝而冲毁滑坡坝，从而缓解了对下游安全的威胁。

1983 年 4 月 15 日，犹他州中部的锡斯尔古岩屑滑坡复活，造成 2200 万 m^3 的滑坡体。这个大型滑坡犹如一道天然屏障，横断了西班牙福克峡谷，毁坏了美国 6 号、89 号公路和丹佛—里奥格兰德西部铁路干线。300 m 长的滑坡坝堵塞了西班牙福克河，形成最深处达 62 m 的堰塞湖，湖水容量估计有 7800 万 m^3。湖水淹没了锡斯尔小镇，同时还淹没了 15 家商店、10 幢居民住宅以及一大段丹佛—里奥格兰德西部铁路。滑坡虽未造成人员伤亡，但直接经济损失达 2 亿美元。更大的危险在于湖水一旦决坝，下游村镇将有灭顶之灾。

为了防止凯利镇灾难的再次发生，犹他州作出决定，必须尽快把湖内蓄水排出。在一个星期内，他们先开凿了一条宽 2.4 m、高 3 m、长 145 m 的引水隧洞，以防湖水漫过滑坡坝坝顶。随后，又建造了一条马蹄型隧洞和一个直径约 4.9 m 的湖水竖井。1983 年 12 月底，完成了湖水排水系统工程。这些工程对防止以后更大滑坡可能造成的水灾有重要的作用。

1980 年 5 月 18 日，美国华盛顿州西南部的喀斯喀特岭的圣海伦斯火山突然喷发，并引发了火山锥北坡的岩石滑坡。这片大滑坡发展成一个 28 亿 m^3 的岩屑崩塌。巨大无比的崩塌体以 70～80 m/s 的速度覆盖了图特尔河北支流一段长 24 km 的谷地。在圆丘状的火山锥麓和面积约 60 km^2 的谷地中，碎屑物平均厚度达 45 m。河谷中形成了好几个新湖。最先堵塞的埃尔克罗克湖，在 1980 年 8 月以前水深 9 m，湖水容量 30 万 m^3，8 月 27 日经过一场大暴雨冲击而坍塌，冲毁了沟道和大量设施，虽无人员伤亡，但其他损失不少。最令人不安的是这次火山滑坡中形成的斯皮里特湖，这是一个库容达 3.3 亿 m^3 的巨大堰塞湖，它严重威胁着下游的安全。一旦堵塞体决口，淹没的水深可达 20 m，足以把图特尔河和考利茨河下游的沿岸城镇全部淹没。为预防溃坝带来的劫难，州政府投资 2000 万美元，开挖了一条长 2590 m、直径为 3.4 m 的自流泄水隧洞，使湖中水位下降，湖水容量稳定在 2.59 亿 m^3，以此来保障下游的安全。

2 重大泥石流灾例

2.1 国内重大泥石流灾例

(1) 甘肃天水泥石流灾害

甘肃省天水市地处陇中黄土高原与陇南山地，平均海拔 1500 m 左右，蜿蜒秀丽的渭河、耕河以及占全区总面积 42%的森林，调节着天水的气候，形成与周围截然不同的“夏无酷暑，冬无严寒，四季分明，气候宜人”的好环境。这里年均气温 9℃左右，年降水量 450～740 mm 之间，素有甘肃“小江南”之称。然而天水也是泥石流、地震、滑坡等灾害频繁发生的地区之一。

位于天水市北部的罗玉沟，由 60 多条大小支沟组成，流域面积 75.3 km^2，主沟长 20 km，山坡坡度 15°～40°，属黄土沟壑丘陵区。这里土质疏松，每到暴雨时就会发生洪水、泥石流，因此人们在沟口构筑了防洪堤坝。1955 年 7 月，连续几天的大雨解了久日的干旱，却也带来危险。在暴雨的引发下，大规模的泥石流发生了。7 月 7 日 11：10，泥石流到达罗玉沟口被防洪大堤所阻，17：00 更大的洪水、泥石流相继滚滚而下。泥石流最大流量为 668 m^3/s，平均含沙量 604 kg/m^3，容重 1.56 t/m^3。汹涌的泥石流冲毁了沟口防洪大堤，一路横扫冲倒房屋 3800 间，1556 户居民受灾，造成人员伤亡和重大经济损失。有 20 多个机关受重灾，埋没农田 580 hm^2。在泥石流的挺进过程中，泥流的流量忽大忽小，反复出现多次波峰。泥流中掺杂的麦捆、树干和石块又影响了正常排泄。由于泥流的最大流量超过沟道的设计泄流量，因而在下泄途中，泥流又分五股破堤外溢，直冲古秦州城区。第一股冲决大堤 23 m 侵入北关，泥水深 0.5～2 m，淹没街道，冲毁许多房屋；第二股进入第一中学，泥深 1 m；第三股从某厂上方以高达 6 m 的水头冲决宽 30 m 的堤坝，一些街道受淹，泥深 0.8～1.5 m；第四股在某公路桥处冲开堤坝，冲袭许多建筑；第五股泥流于某桥上方决堤外溢，流进一些单位，泥深竟高达 2～3.4 m。

这次泥石流灾害对天水市的破坏是极其严重的，许多地方成了荒滩废墟，政府动用了很大的人力和财力进行灾后的修复和重建，然而无数条生命却是无法挽回了。

20 多年后这里又一次遭灾。1978 年 7 月 11 日晚上，大暴雨铺天盖地落将下来。雨点像炒炸了锅的豆子，打得瓦片叮咚直响。这场大暴雨的雨量是天水市有观测记录以来 40 年中最大的一次，在两小时的降雨中，降雨量为 105 mm，一小时最大雨量约达 60 mm。就在大暴雨开始后的半小时，陇海线天水伯阳至社棠间的刘家湾沟沟谷西侧的大山就发生了垮塌。刘家湾村的村民们感到山摇地动，还没等人们醒悟，顷刻间约有 250 万 m^3 的土体滑崩下来，山脚下的民房眨眼间就不见了。滑坡在下滑途中，含水量较多的部分变成泥流，流出沟口冲毁一座不太长的钢筋混凝土铁路桥，东侧桥台被拦腰切断，堆积在路基上的泥土厚 5～8 m，埋没铁路 150 m，堆积泥土量约 20 多万 m^3。泥流前峰越过铁路流入渭河，使这一段渭河当即断流。

刘家湾沟长 2 km，其沟头及两侧有许多滑坡危险区，多数尚且稳定，但东侧山坡裂缝纵横，日趋伸展扩大，摇摇欲坠，终于在 7 月 12 日暴雨中率先崩塌形成泥流。除了刘家湾沟泥石流外，在这场暴雨中还发生了菜子沟的泥石流。菜子沟源头为一坍塌和滑坡形成的环状圈谷盆地，储存着上百万立方米的黄土滑塌体，而且部分土体含蓄泉水至饱和状态，这里随时都可能发生大滑坡。庞大而又虚软的黄土山摇摇欲坠。7 月 12 日的暴雨冲蚀了这个盆地，积蓄了若干年的泥土此刻借水突破圈谷口，一涌而下，翻过路堤，直冲下方村庄，埋没大片房屋。据估算，这次泥流的过流面积约 150 km^2，洪峰流量约达 1000 m^3/s，相当于流水流量的 60 多倍。泥流总量约 18 万 m^3，容量高达 1.9 t/m^3 以上，其中 8 万 m^3 停积在沟口铁路附近，厚 5～6 m，漫溢宽度达 100 m。另外的 10 万 m^3 停积于沟道中。泥流过后的第四天，即 7 月 16 日 21：00，源头圈谷中又发生一次土量为 5 万～6 万 m^3 的坍塌。坍塌体冲击挤压停留在泥底的泥浆，再次造成大规模泥流。当它流出沟口时，以强大的推力挤压原泥土堆积体，使前缘开挖面突然破裂，从堆积体内部迸发出一股稀泥浆，将来不及避开的工人连同架子车冲出数十米以外。这次泥流还将大量泥土带到沟口埋没了铁路。

1978 年 7 月 12 日大暴雨使陇海铁路伯阳至社棠间 12 km 范围内普遍暴发泥石流。这些大大小小的泥石流袭击了三处工厂的部分车间和铁路桥涵，埋没站房和路面，使得工厂停产，交通中断。菜子构和刘家湾由于地形陡峻和随同暴雨而滑塌的土体，加大了这次泥石流的规模和稠度，使流体最大厚度达 10 多 m，堆积在铁路路基上的泥土形成高达 6 m 的土丘，陇海铁路宝天段因这突然形成的小丘而中断行车 360 小时。在这场泥石流中，40 多头牲畜被淹死，80 多间房被毁，4.5 万 kg 的粮食受损。

（2）辽宁老帽山泥石流

老帽山位于辽宁省东南部，地处瓦房店市、普兰店市和盖州市三个县级市的交界处，属低山丘陵区，最高峰为 848 m，最大高差为 500 m。山势陡峭，山坡陡直基岩裸露，历史上是滑坡、泥石流的频发区。

1981 年 7 月 27—28 日，由于受“8108”号台风和西风槽相结合影响，在新金、复县交界处的老帽山一带普降暴雨、大暴雨，降雨量在 200～650 mm 之间。这次暴雨来势猛，历时短，强度大，雨量集中。强降雨集中在 27 日 23：00—28 日 04：00 的 5 个小时内，平均 1 小时降雨量 50～60 mm，这次暴雨强度大，笼罩面积小，中心地带破坏性严重，老帽山顶降雨量 600～750 mm，老帽山坡麓以上雨量 400～600 mm，再往下雨量为 200～300 mm。在强降水的促发下，老帽山多处发生滑坡，形成泥石流，各河上游洪水暴发，洪水伴随泥石流迅猛异常，数吨重的巨石随流而下，小河沟口形成冲洪积扇，不少村庄、果园被泥石流吞没。灾情波及盖县、复县、新金县、金县、岫岩、庄河 6 县，其中以盖县、新金县灾情最重。总计受灾面积以老帽山为中心周围达 400 km^2，受灾人口 163600 人，冲毁房屋 1835 间、耕地 9933 hm^2、果树 19 万株；冲毁长大铁路路基 4.9 km，造成 406 次列车颠覆，中断运行 8 天；破坏水利设施 9000 余处，堤防 1079 km；死亡 664 人，受伤 5058 人，直接经济损失 5 亿元。

在这场抢险救灾中，由于各级党委和政府的正确领导，四面八方的大力支持，在较短的时间里，被冲毁住房的灾民被安置住进临时帐篷，领取衣被食品、炊事用具；受洪水围困的 406 次列车千余名旅客被迅速转移到许屯公社的腰屯、老爷庙、莺歌岭等地，于 7 月 29 日安全送往各地。8 月 4 日，长大铁路恢复通车。8 月 14 日，重灾区的 700 多户无家可归的灾民迁进较富裕地区的新家，生活得到妥善安置。

（3）西藏迫隆沟泥石流

西藏地处我国西南边陲，属于地球上最年轻的高原。由于青藏高原处于发育期，地质活动较强烈，因此成为地球上地质灾害频繁的地区之一。西藏伯舒拉岭以西地段是川藏公路中泥石流最活跃的一个地区。该地区的泥石流以山谷型和降雨型泥石流为主，集中分布在雅鲁藏布江的支流——迫隆藏布、波都藏布、易贯藏布、波堆藏布沟和东久河沿岸的 127 条泥石流沟中，其中在公路一侧达到 67 条。然乌至鲁朗间泥石流最为密集，规模最大，暴发最频繁，危害最严重。公路经常因泥石流危害而中断，被称为川藏公路的“盲肠”地段。

迫隆沟是该处最为有名的一条泥石流沟。该沟位于川藏公路 K1035 km 处，距通麦 12 km，主沟长 9.5 km，流域面积 87 km^2。沟口海拔 2000 m，这里是藏东南高山峡谷区，地质构造极为复杂，褶皱断裂发育，新构造运动上升强烈，地震活动频繁而强烈。另一方面，该沟内有长 8.2 km 的现代冰川，宽 0.3 km，厚 50 余 m，潜在蓄水容积达到 32.8 万 m^3。这条冰川裂缝发育，时常发生冰崩，冰川消融为泥石流的形成提供了充沛的水源。印度洋暖湿气流顺山谷而上，给当地带来丰富的降雨，年降雨量达 1127 mm 以上，又为诱发泥石流创造了条件。更糟的是，在地貌上，这里有明显的三面环山一面出口的泥石流形成区，有狭长的“V”形沟谷的泥石流流通区和两江汇合处的泥石流堆积区。一切形成泥石流的条件如此完备，必然使迫隆沟成为泥石流经常暴发的地区。

1983 年 7 月 28 日，迫隆沟下起了大雨，雨水与融化的雪水汇合成一股涌向峡谷，随水又带下了松散的土石。晚 23：00，逐渐形成泥石流，这是典型的融雪、降雨混合型泥石流。越来越庞大的泥石流裹挟着大量的石块、冰块和树干向沟口挺进。这股泥石流由于不断受阻又不时冲破障碍，所以呈阵发性，时而爆发，时而偃旗息鼓。在历时 10 小时的发作后，很快就在沟口形成一个大型堆积扇，其体积达到 100 万 m^3。强大的泥石流冲毁了川藏公路上一座高 10 m、跨度 32 m 的水泥桥，淤埋了正在公路上作业的 2 台推土机、1 辆汽车以及公路边 10 多间房屋，公路被严重毁坏，直接经济损失超过 50 万元，造成川藏公路交通中断 18 天，进出西藏的数千车辆被堵。

1984 年 7 月 27 日，迫隆沟又一次发威。这天半夜 01：00，人们尚在睡梦之中，泥石流突然从峡谷里窜出，瞬间就卷走了一座公路钢梁桥。这股泥石流过去没多久，又一股更猛烈的泥石流咆哮而来……从这天起的数十天中，泥石流像一群群伏在山里的猛兽，不时冲下山吞噬山下的一切。8 月 23 日，爆发了该地区有史以来规模最大的一次泥石流。这次泥石流整整持续了 23 个小时，泥水和石块淹没了 104 号道班房及 6 名来不及逃走的工人，淤塞了波斗藏布江，致使该江水位抬升 10 多 m。高高升起的江水又冲破淤塞的泥石狂泄而下，冲毁和淹没了公路 6 km，川藏交通被迫中断两个多月。

迫隆沟泥石流似乎一年比一年凶猛。这次暴发后不足一年，又于 1985 年 5 月 29 日、6 月 18 日和 20 日连续爆发。泥石流堵塞河道，导致江水水位上涨 20 多 m。河道承受不住涨水的压力溃决，洪水冲毁 7 座桥梁，淹没培龙村的全部土地，公路旁的几十间房屋连同停放在公路上的 80 辆汽车也被一卷而去。这是我国公路史上罕见的泥石流灾难事件，造成的直接经济损失 500 多万元。

西藏由于地理环境和气候条件所限，人员稀少，所以尽管泥石流很严重，但人员伤亡不多，然而频发的泥石流对进出西藏的交通命脉——川藏公路，破坏极大。

泥石流对川藏公路的危害主要表现为三种情况：一是冲刷桥涵使其基础掏空，导致桥涵发生局部沉陷变形和损坏，甚至毁坏桥梁涵洞。如 1954 年建成的跨度 55 m 的马其美沟钢架桥，就因泥石流冲刷，桥基被掏空，于 1962 年废弃。二是桥涵孔径被泥石流局部或全部淤积而失去排泄效能，从而对公路、桥梁造成威胁。三是冲毁路基或淤埋线路，给养护工作带来困难，严重时使整段公路改线。

人类在自然灾害面前永远是进取者。科学家在与泥石流的斗争中，已经摸索出一些规律，总结出一些好的防治方法。对付迫隆沟这样的冰川型泥石流，当地的地质工作者组织对冰川湖的系统观测，适时放水，不使冰川湖的水蓄满；及时抽出积于坝前的水和泥浆。这样就不易形成冰川洪水，从而有效地预防了泥石流的发生。

(4) 云南巧家县泥石流灾害

云南全境地处云贵高原，西接青藏高原，地势西北高南部低。全省地形复杂，可分为滇东、滇西南、滇西三大高原和滇西北横断山脉的高山峡谷区。高山峡谷多在海拔3000～5000 m之间，其中金沙江石鼓大峡谷为世界最雄伟的峡谷之一，两岸山岩挺拔，深切谷底的江河发出吓人的咆哮。云南干湿季节分明，夏季受印度洋西南季风和太平洋东南季风的影响，湿润多雨，气候变化无常，真可谓“十里不同天”。然而，这里的地质结构极为复杂，是地质灾害高发的地区。云南新构造运动强烈，地貌变化大，所以不仅地震频繁，而且由于河床深切，山坡陡峭，降雨集中，土石松散，又为泥石流的发生提供了动力条件和物质条件。云南东川小江流域泥石流最为严重，在世界上被称为“泥石流天然博物馆”。

巧家县城位于长江上游金沙江右岸的斜坡上，隔河与四川省宁南县相望。复杂的地理气候条件使得这里自古以来就是泥石流最为严重的地区。我国史料记载，最早的泥石流灾害就发生在巧家地区。1753年在连续几天的暴雨后，水碾河夹带着大量的泥沙石块形成一股不可阻挡的泥石流，泥石流所到之处尽被埋没，200多户民房及1200亩农田被毁。在此之前，这里泥石流的情况我们无从而知，但从此以后该县城就少有安宁，泥石流时时威胁着这座小城。几百年来，这里不知发生过多少次泥石流灾害，仅在金沙江东岸的小支沟中，就有泥石流沟8条，泥石流堆积扇成群连片。

1980年8月24日，水碾沟再次发怒，暴发的泥石流在山口淤埋了2.3 km^2的范围。泥石淤集最厚的地方达5 m，71间房屋、171.3 hm^2的农田被冲毁，损失稻谷80万kg、甘蔗2000 t，冲断公路800 m；一次输沙量近百万立方米，排入金沙江的泥沙约20万m^3，致使金沙江险滩更加扩大；直接经济损失21万元。

不仅是水碾沟不断发威，别的泥石流沟也时常发作造成灾害。1974年，对县城威胁最大的石灰窑沟突然暴发泥石流。泥石流前堵后拥，泥浆飞溅，龙头（即泥石流前锋）高达10 m，一块约100 m^3近55万kg重的巨石竟然被泥水推动，随泥石流滚滚而下。不幸的是由于县城建在石灰窑沟泥石流堆积扇上，因而受此次泥石流破坏很大，好在大部分泥石流是顺原沟道流走，但城区内仍有些地方泥石流堆积厚度达8～10 m。堆积扇还逐渐向金沙江扩大，一直达河床。泥石流沟道宽浅而且弯曲，很容易改变路径，一旦原沟遭堵塞改道，将很可能吞没县城。高粱地沟也是一条泥石流沟，1980年8月26日，也就是水碾沟爆发泥石流的第二天，高粱地沟也发生了泥石流，虽规模不如前者，但也将一个生产队的 20 hm^2 水稻全部淤埋，形成一片沙砾滩。老树沟也同样，仅在 1981 年 7 月和 8 月，就多次暴发泥石流，冲毁农田 24 hm^2，将几十户居民逼出家园。十几年来，这里的泥石流共冲毁农 2054 亩，砸死 33 人，毁房百余间。

巧家县的泥石流灾害只是小江流域泥石流的一个侧面。小江全长 138.2 km，流域面积 3043.5 km^2。沿江有支沟 126 条，泥石流就占 107 条，已形成危害性的有 75 条，其中严重危害的有 54 条。多数泥石流沟，如蒋家沟、大桥河，石羊沟、尼拉姑沟等正处在发育的旺盛阶段，蒋家沟的侵蚀模数竟然高达 5 万 t/（km^2·a)！据不完全统计，小江地区的泥石流灾害已造成直接经济损失 6906 万元，其中工业损失 1781 万元，农田水利损失 1966.4 万元，铁路损失 1898 万元，公路损失 1260.6 万元，毁坏农田 2100 hm^2。仅 6 次较大的泥石流就造成 163 人死亡，55 人受伤，损失大小牲畜 478 头。

小江流域是云南省地质活动极为活跃的地区，频繁而强烈的地震活动，引发分布在区内近百处的崩塌和滑坡，小江泥石流不仅直接造成重大伤亡，而且大量泥沙流入金沙江，对下游水电站及三峡库区形成重大威胁。这里泥石流频发，除了地质、气候的原因，还有林草植被覆盖率低以及当地矿产资源无序开采等原因。

为治理小江流域的泥石流灾害，国家和地方耗资 4000 余万元，在蒋家沟、大桥沟、石羊沟等地构筑了拦挡坝、谷坊群等防护设施。虽然泥石流灾害有一定缓解，但远未解除对临近城市、农村居民安全以及交通、矿山各种设施的威胁。当地人民正运用新的科技手段，加强对泥石流监测，最大限度地减低它的破坏力。

(5) 四川丹巴县泥石流

丹巴县位于四川省甘孜藏族自治州东部，东与阿坝州小金县接壤，东南和南部与康定县交界，西与道孚县毗邻，北部和东北部与阿坝州金川县相连。面积 4721 km^2，县城海拔 1800 m，地处甘孜州东大门，东可进入大九寨环线，西可进入大香格里拉环线，是四川省旅游西环线上的重要承接点和重要景区之一。2003 年在巴县巴底乡邛山沟（当地人誉为美人谷）暴发的一次特大规模泥石流，使美人谷变成了吓人谷。

2003 年 7 月 11 日 22：30 左右，四川西部横断山区腹地丹巴县巴底乡水卡子村“美人谷休闲山庄”，二层的藏式小楼欢歌笑语、热闹非凡。原来，这个晚上有 4 个上海游客来到这里。热情的老板为了让远道而来的客人了解丹巴的民俗，特地组织了一场歌舞晚会，请了附近 3 个村子四五十名青年男女作陪。灾难突如其来地降临了。当时，在休闲山庄厨房里劳作的 4 个人——一对从外地来休闲山庄打工的民工夫妇和两个当地人，隐隐约约听见山洪夹带着泥石流汹涌而下的巨大声响，赶忙边喊“洪水来了”边往山庄外奔逃。可是楼上正在联欢的人们，却根本来不及下楼就被排山倒海般的泥石流吞没。

暴发泥石流的流域系大金川上游大渡河的一条支沟，流域面积 84.9 km^2，流域海拔界于 2000～5260 m。该流域可明显地分为左右两支沟，其右支沟邛山沟（又叫切山沟）面积 32.3 km^2，是泥石流的主要源区；左支沟（甲沟）面积 52.59 km^2 为洪水沟。右支沟的中游广泛分布有大面积的古老泥石流台地，居住着邛山二村等几个村寨的村民。流域基岩为变质花岗片麻岩、闪长片麻岩和少量的变质大理岩。

据调查分析，7 月 11 日 22：33 左右，上游海拔 3880～3680 m 的木积国滑坡和嘎拉巴加滑坡滑动，开始在中上游形成流量较小的稀性泥石流。由于流域基岩表面风化形成的 30～60 cm 的残坡积物在此前 70 多天的断续降雨过程中已达饱和，在 7 月 11 日晚降连续暴雨的作用下，沿途坡面土体基本同时启动产生坡面泥石流，汇同两岸崩滑体物质和沟床物质，稀性泥石流逐步演化为黏性泥石流。最后与左支沟（甲沟）的洪水汇合，并出现较短时间的堵塞，泥石流的规模增大。泥石流于 22：45 抵达邛山二村（距沟口 4.2 km），大约于 23：20 抵达沟口，推算中途堵塞停积 15 分钟。通过调查走访和实地考察综合判定，该沟为一条低频泥石流沟，本次泥石流为百年一遇，出沟口时的峰值流量达 4836 m^3/s、平均泥深达 8.1 m；泥石流的粗大颗粒较多。

在此次泥石流灾难中死亡和失踪 51 人。泥石流摧毁了堆积扇上面积达 73136 m^2 的林地、农地和居住区，并堵塞主河（大渡河），数分钟后堵塞体被冲开缺口，使得主河河床抬升，原有的心滩被淹没，导致部分公路水毁，并造成主河径流的顶托，一旦主河洪水暴发，会引发新的危害。此外泥石流冲毁干线公路 500 多 m，使得沟内的乡间公路中断。

2.2　国外重大泥石流灾例

(1) 哈萨克斯坦阿拉木图泥石流

在中亚的北部地区，有一个连接欧亚两洲并与我国相邻的国家，这就是处于平原向山地过渡地带的哈萨克斯坦。哈萨克斯坦的首都阿拉木图，是一座位于天山北坡山麓具有浓郁东方色彩的美丽城市。

1963 年 7 月 7 日，是一个炎热的星期天。成百上千的阿拉木图居民，赶往距城市 60 km 的伊塞克湖去避暑度假。

伊塞克湖是一个海拔约 1800 m 的高山湖泊，人们围着湖岸，搭起各色的帐篷，支起五颜六色的太阳伞尽情享受着山风的吹拂。

接近中午时分，天空降下濛濛细雨，谁也没有注意到，汇流入湖的伊塞克河水什么时候突然变得浑浊起来，而且水流变得汹涌湍急。仅仅几分钟的时间，原来可以涉水而过的小河水位迅速上涨并增宽了几倍，河水含沙量剧增。泥石流发生了！随后只见泥石流龙头轰隆隆向前奔流，在河床弯道段突然涌出，分成两股叉流灌人伊塞克湖内。第一个龙头只是泥石流的前锋，数分钟后，规模更大的第二个龙头又闯进伊塞克湖。两股泥石流叉流都很宽，使中间的湖滩小岛顷刻之间缩小。人们被眼前的情景吓得惊慌失措，仓皇爬上陡坡躲避可怕的泥石流。

13：00左右，第三个龙头出现了，该龙头呈现出连续条带，一股比一股高。15分钟后出现第四个龙头，这是一个规模更大的泥石流龙头，龙头高度超出正常水位3～4 m，泥水裹挟着巨石、夹杂着大树。一个个龙头涌入伊塞克湖。18：00—19：00，更多的泥石流龙头接踵而来，一股高过一股，一起涌向伊塞克湖，终于在19：00许，将长2000 m、宽600～700 m、深57 m的伊塞克湖完全填平。这个有8000年历史的美丽湖泊从此永远消失了。被挤出的伊塞克湖的水体被迫向一个石质湖堤急速冲去。这一湖堤分隔着伊塞克湖和伊塞克河下游。

3小时后，高50 m的湖堤再也经受不住湖水的猛烈冲击，于22：00坍塌决堤。流体形成次生泥石流，夹带着大量的土体冲刷着流过河道的两岸，向伊塞克河下游地区急速推进。24：00，泥石流流量达到1000 m^3/s。距伊塞克湖约10 km的伊塞克镇的数条街道被冲进的泥石流冲毁，街两边的房屋荡然无存，一些来不及逃走的人们被泥石埋没。泥石流造成了极其严重的损失。

一场不大的小雨怎会造成如此大的泥石流呢？

这次灾变后，人们来到泥石流源头考察才发现，本次泥石流起因是一条冰川形成的扎尔赛冰碛层。这个冰碛层中的径流通道长期被堵塞，造成水位上涨。该冰川在长期的融化过程中，动水压力不断增大，终于促使数百万立方米的冰碛前缘崩塌。这些巨大的崩塌物便成了构成这次伊塞克泥石流的主体，演绎出前面那场惊心动魄的场面。而那场小雨最多只是加速冰碛的垮塌，即便不下雨，泥石流也是注定要发生的。

这场突如其来的灾难教育了人们，泥石流不是只在暴雨洪水后发作，在一些地形复杂的山区，由于长年累月的地质变化及气候变迁孕育了突变的能量，这种能量一旦越过了支撑体能够承受的极限，灾害就会突然发生。因此，人们必须格外警惕，不断观察周围地形、地质的各种变化，提前预测可能发生的泥石流的动向，运用科学的手段加以防范。比如在上例灾害前，疏通堵塞的冰碛径流通道，或者在冰碛大崩塌前人为制造小的崩塌将巨大能量分而化之，这样，巨大的灾害就可以避免了。

（2）秘鲁地震引发的雪崩泥石流灾难

秘鲁是一个多山的国家，地震、火山、泥石流是这个国家主要的灾害。位于安卡休州的瓦斯卡兰山峰高 6768 m，是全国最高的山峰，山上终年积雪，山峰陡峭，是十分优良的天然滑雪场。

1970 年 5 月正是南半球冬季严寒时期，31 日 20：23，突然发生了强烈的地震，被震醒的人们顾不得穿衣服便向外奔跑。那些还未来得及逃离屋子的人们，都被压在倒塌下来的乱砖碎石之中。跑到外面的人们，自顾不暇，根本无法去救被压在坍塌物下的亲人。房屋外面寒风凛冽、漆黑一片，只听四处隆隆的房屋倒塌声，忽然，又一阵轰响从瓦斯卡兰山方向传来。地震将山顶厚厚的冰雪震松摇垮，巨大的雪崩发生了。数百米长的雪紧贴峭壁直坠而下，砸在半山腰中的积雪盆地，气浪抛起漫天雪花。更加剧烈的震动使山顶上的冰雪岩石连续不断地崩塌，由峰顶塌落下来的冰雪碎石在积雪盆地里汇成非常庞大的冰雪体。盆地内的冰雪愈积愈多，愈积愈厚，终于以极大的速度溢出盆地，形成一股强大的冰雪流。这股疯狂的冰雪流带着强大的气浪顺山呼啸而下。在气浪的震动和冲击下，沿途积雪随之裹挟而去，冰雪巨龙越滚越大。冰雪巨龙所到之处，岩石被击得粉碎，树木不是被连根拔起就是被拦腰折断，房屋被扯碎扬上天，甚至 3000 kg 的巨石也被抛到数百米之外，沿途所有的林木、田地、房屋及一切建筑物全部被摧毁。

冰雪巨流越冲越急，竟然形成了罕见的跳跃式雪崩，跃过了山峰下 160 多 m 高的山脊，在几条沟谷中横冲直撞。当冰雪巨龙沿着冰川故道冲到冰舌末端时，崩塌的雪量已达 3000 万 m^3，其中还携带着数百万立方米的岩石碎屑，形成高达近百米的龙头，继续咆哮着向山下河谷、城镇冲击。

瓦斯卡兰山下的容加依城，几分钟前刚遭到地震的袭击，活着的人们还没回过神来。这时，强大的气浪迅猛袭来，把所有的人掀翻或冲出很远。顷刻，巨大的冰雪巨龙呼啸而至，大多数人被压死在冰雪之下，强大的空气压力使一些侥幸未被埋没的人窒息而死。有人记录了当时的惨景："有的张着大嘴瞪着双目而死，有的抱着头蜷缩身子而亡。少数没被冰雪吞噬的，也个个呼吸困难，张大了嘴拼命地喘息着……"

地震发生后，容加依城所有的房屋已被震得东倒西歪，到处是断墙残垣。随后，雪崩强大的气浪将门窗残木、床板木架等轻便物品抛得漫天飞舞，梁柱、屋顶被掀到远处河谷之中，剩下的破壁残垣被随之而至的冰雪巨龙一碾而过，再也见不到什么了，2.3 万人连同他们的家园全都消失。

冰雪巨龙扫荡了容加依城后，最后停滞在附近的一条河谷之中。巨大的冰雪体堵住了整条河流，冰雪碎石坝使河水蓄积，形成了一座“临时水库”。没过多久，冰雪坝融化、垮塌，蓄积起的冰雪泥石汇同河水汹涌而下，形成了可怕的泥石流。近 1 亿 m^3 的泥石流冲向下面的阳盖镇和潘拉赫城，一路上森林、植被、田园、牧场全部毁坏殆尽，房屋、建筑、人畜被掩埋，两个城镇绝大部分被摧毁，死亡人数近 2 万人。

这次地震发生在秘鲁最大的渔港城市钦博特西 15 km 的海底，震级 7.95 级，烈度为Ⅹ度，震源深度 5 km。这里正处在从厄瓜多尔沿秘鲁、智利海岸一条 7000 km 的板缘构造活动带上，火山、地震频频发作。此次强震，位于震中的钦博特港虽未遭到大海啸的袭击，但也基本被震毁，楚基卡拉、瓦廉卡等城镇也受到严重破坏。加上雪崩、泥石流所摧毁的容加依等城镇，死亡人数达 66700 多人，受伤 10 万多人，100 多万人丧失家园无家可归，经济损失高达 5 亿多美元。

这是一次由地震引发雪崩、泥石流等多种灾害的综合灾难，暴发突然而迅猛，防范较为困难，逃生的机会很小，因此伤亡极其惨重。灾后，秘鲁的科学家及世界地震学家加强对环太平洋地震带的监测，他们认为对板缘地震的长期预报是有可能做到的。科学家应用各次大震的历史资料对岩石圈板块运动状态、速度以及弹性应变释放的状况进行计算，力求提前对大震做出预报，从而避免或减轻灾难的发生。

（3）哥伦比亚鲁伊斯火山喷发引发泥石流

地处安第斯山脉最北部的鲁伊斯火山，海拔 5432 m，较平坦的顶部覆盖着 200 km^2 的冰川。这座火山虽不凶猛，却是个“活跃分子”，具有火山间歇喷发与间歇溢流的特点。

1984 年底位于火山下的哥伦比亚内华多德尔突然变得不安定起来，常有异常的响声从地下传来，地震也不断地侵扰着居民，人们熟悉得不能再熟悉的空气、水的气味、颜色也发生了变化。这些现象很快引起哥伦比亚和国际上有关科学家的注意。从鲁伊斯火山不时从喷气孔喷出气体以及火山骚动所引起的地下噪声和地震不断的异常迹象，预示着火山将发生较强烈的活动。1985 年 9 月 11 日，鲁伊斯火山一反缓缓冒气的情形，突然喷出大量热气及炽热的物质。热气及熔岩熔化了周围的冰雪，引发了火山泥石流。这股泥石流沿里奥—阿祖弗雷多谷向下流出约 30 km。由于沿途没有什么村庄，所以并没造成什么灾害，但火山专家们却十分紧张，他们得出鲁伊斯火山有可能爆发的结论，并编制出一张灾害区划图，对鲁伊斯火山爆发的后果作了较详细的预测，其中就预见到会发生较大的泥石流。令人遗憾的是凝聚着科学家心血的灾害区划图并没有引起相关部门的重视。他们认为这只是猜测，鲁伊斯火山以前也喷发过，但没造成什么大的灾难，不必太紧张。1985 年 11 月 13 日 15：05，鲁伊斯火山剧烈爆发，火山口突然喷出大量熔质和火山灰。持续 14 分钟的喷发，浓浓的灰雾充斥天际，咫尺难辨。大气层突然受热膨胀发生对流，形成的风将火山灰吹向东北方向，天空又明朗了几分。当晚 21：30，鲁伊斯火山又一次喷发。这次人们听到火山顶部有两声强烈的爆炸声，伴有火山碎屑流的更大的爆发便开始了。惊魂未定的人们逃出了屋子，拥向街头试图逃命。灼热熔岩和火山灰迅速融化了火山顶部的部分冰帽，融化的冰水与火山碎屑物混在一起，触发了火山泥石流。同火山碎屑流具有同样快速和猛烈破坏作用的火山泥石流排山倒海般地冲到距火山口 74 km 以东的阿梅罗市。而此前，这里刚下过暴雨，拦截山洪的水坝无法抵挡这几股泥石流，一下就被冲垮了，冰川水、洪水、火山泥石流无情地荡平了这座有 3.5 万人的城市，夺去了 23008 人的生命。火山泥石流很快又冲到里奥克拉罗林，陡立升起的火山泥石流一路横扫，无论什么阻碍，不是被冲毁就是被掩埋，上百间房屋倒塌，3 座桥梁被毁，约 1000 人丧生。

这次火山爆发引发的火山泥石流使得火山周围所有的道路、桥梁、电网和高架渠均遭破坏，吞没了当地 60％的家畜，30％的高粱和其他谷物，以及 5000 万袋咖啡；淹没了 3400 hm^2 良田，破坏了 50 所学校、2 座医院、5092 间房屋、18 个工厂和 343 家商店，毁灭了国家咖啡研究中心；位于火山口西部建在高地上的钦奇那市中心街道，虽免遭被埋没的厄运，但沿河两岸的居民却有 2000～2500 人死于火山泥石流。

这次火山爆发除死亡 2 万多人之外，还使 77000 余人流离失所，整个损失超过了 10 亿美元。而这次灾害造成的伤亡和损失本来是可以防止和减轻的，因为科学家们在事件发生之前就已预测到鲁伊斯火山可能爆发，并在爆发前几周编制出灾害区划图。但却未能引起有关当局的重视，造成了可悲的结果。

亡羊补牢，痛定思痛，为确保人类生活空间的安全，已不仅仅是如何通过应用现代科技知识减轻灾害危险，还应采取相应的措施，通过持久地提高防灾意识和实际应用减灾技术，使减灾工作为公众所理解和认识，才能取得真正的减灾效益，创造社会价值。

3 中国重大山体滑坡事件表

序号	时间	地点	灾情
1	1959年底	辽宁省抚顺西露天矿	边坡下部的煤壁被采掉，底板凝灰岩层发生滑坡，直接经济损失2000万余元。
2	1960年	青海省互助土族自治县北西南门峡	滑坡体规模6800万m^3，死亡200人。
3	1961年10月20日	云南省禄丰县元永矿区	元永井矿区两侧山体滑坡89处，死亡104人，受伤57人，直接经济损失88万元。
4	1965年11月22日	云南省禄劝县北部普福河支沟	崩塌将老深多等5个村庄掩埋，死亡443人。
5	1967年6月8日9时	四川省雅江县孜河区雅砻江右岸唐古栋	约7000万m^3土石在5分钟之内崩塌入雅砻江中，直接经济损失1000万元。
6	1974年9月14日9时	四川省南江县旭光公社齐平寺白梅垭	死亡159人，受伤8人，直接经济损失300万元。
7	1978年7月2日	陕西省镇巴县	全县发生山地灾害3524处，直接经济损失3000万元。
8	1979年9月10日至10月10日	云南省碧江县城	碧江县城两个滑坡，直接经济损失8000万元。
9	1980年6月	四川省华蓥县华蓥煤矿花尔岩	20万m^3滑坡，煤矿严重破坏，死亡194人。
10	1980年7月3日15时	四川省越西县凉山昆铁路铁西车站	该滑坡是我国有史以来运营线上最大的一次滑坡灾害，直接经济损失1000万元（运输费），间接损失3686万元（整治费）。
11	1982年7月17日	重庆市云阳县城东鸡扒子	直接经济损失600万元，间接经济损失3000万元。
12	1983年3月7日17时	甘肃东乡族自治县洒勒山	山体下滑土方5000万m^3，死亡237人，受伤22人，直接经济损失120万元以上。
13	1983年5月5日	广东省雷州半岛海康县城	8层海康大旅店毁于一旦，直接经济损失1500万元，间接经济损失1815万元。
14	1985年6月12日3时	湖北省秭归县新滩镇	死亡10人，失踪2人，受伤8人，直接经济损失700万元。
15	1986年6月15日	四川省岷江迭溪历史地震（1933年）山崩滑坡坝	死亡2人，失踪2人，直接经济损失5000余万元。
16	1987年4月18日至6月3日	辽宁省抚顺西露天矿	滑坡体体积2万～11.4万m^3，直接经济损失数亿元。
17	1987年7月15日	新疆维吾尔自治区奎屯河中游	大滑坡致使河道堵塞，后坝堤垮溃形成洪水，直接经济损失2000万元。
18	1987年8月19日晚	辽宁省岫岩县大营子镇	山洪暴发，死亡39人，受伤860人，直接经济损失超过1.4亿元。
19	1988年1月10日	重庆市巫溪县下堡乡中阳村	滑坡总方量达1000万m^3，死亡26人，受伤7人，直接经济损失700万元。
20	1988年7—8月	四川省宜宾市安边乡金沙江左岸	整个山体变形开裂下陷，直接经济损失2亿元。

续表

序号	时间	地点	灾情
21	1989 年 1 月 7 日 18 时	云南省漫湾电站	爆破引起边坡上段失稳下滑，延误工期 1 年以上，经济损失 10 亿元。
22	1989 年 7 月 10 日	四川省华蓥市溪口镇马鞍坪村	大型滑坡，死亡 221 人，受伤 17 人，直接经济损失 600 万元。
23	1989 年 10 月 30 日	新疆维吾尔自治区呼图壁县红山水库	水库库岸发生滑坡，直接经济损失 1500 万元，间接经济损失 2000 万元。
24	1990 年 8 月 11 日	甘肃省天水市	暴雨引发泥石流和滑坡灾害，死亡 22 人，直接经济损失 5000 万元。
25	1990 年 10 月 1 日	浙江省平阳县鳌江区山外村	滑坡体积 132 万 m^3，死亡 5 人，受伤 114 人，直接经济损失 1100 万元。
26	1991 年	黑龙江省哈尔滨铁路局	崩塌方量 1172 m^3 以上，中断交通 1695 小时。
27	1991 年	江苏省南京市栖霞山、顶山	崩塌多处，造成房屋倒塌，搬迁居民达 1 万户，经济损失 150 万元。
28	1991 年 7 月 23 日	吉林省浑江市长白县砬子沟煤矿三井	堆积物 3000 m^3，毁坏房屋 8 间，砸死矿工 3 人，重伤 1 人，阻塞交通 1 日。
29	1991 年 11 月 1 日	山西省临汾地区大宁县城关北寨	小型崩塌，造成 1 人死亡，1 户居民房屋被毁，经济损失 7 万余元。
30	1992 年 8 月 2 日	陕西省西安市临潼县小张金乡张定湾	崩塌造成崖下居民 10 人死亡，3 人受伤，16 间房屋被毁。
31	1992 年 8 月 30 日	河南省三门峡市实验油厂	崩塌面积约 300 m^2，直接经济损失 70 多万元。
32	1993 年雨季	云南省昭通地区永善县墨翰乡煤炭沟	数十万立方米崩塌物填满煤炭沟，失踪 2 人，重伤 1 人，直接经济损失 10 万元。
33	1993 年 7 月 3 日	江苏省扬州港江岸	崩塌面积达 2 万 m^2，使港口一些建筑物陷至江底。
34	1994 年 4 月 30 日	重庆市武隆县鸡冠岭	盲目采煤引起，致使乌江堵塞断流，给国家造成 8 亿元经济损失。
35	1994 年 8 月 16—18 日	云南省文山州富宁县国道 323 线	发生崩塌、滑坡 40 余处，造成 1 人死亡，8 人受伤。
36	1995 年	江苏省扬州市江都市嘶马镇临江村	坍塌总长 300 m，宽 30～50 m，深达 15 m，江水直逼头道江堤。
37	1995 年	江苏省南京市林浦圩江岸	坍塌总长 15 km，经济损失达 800 多万元。
38	1995 年	江苏省镇江市大路镇江岸	坍塌体总长 1450 m，宽 36 m，深达 2 m，经济损失达 150 万元。
39	1995 年	江苏省南京市龙潭圩江岸	坍塌体总长 150 m，宽 80 m，深达 25 m，严重威胁沪宁铁路的安全。
40	1995 年	安徽省长江、巢湖沿岸	水流侵蚀岸坡形成多处江湖岸崩，经济损失约 1000 万元。
41	1995 年	广东省	由采石形成高陡人工边坡失稳而成，5 人死亡，经济损失 30 万元。
42	1995 年 3—5 月	湖北省鄂西自治州建始县	发生岩崩 2 处，8 人死亡，经济损失 340 万元。

续表

序号	时间	地点	灾情
43	1995年7月11日	江苏省扬州市泰兴市口岸镇高港村	发生大面积坍塌，造成经济损失逾百万元。
44	2001年2月12日	浙江省杭州市淳安县千岛湖邵家码头	连续几天阴雨造成山体松动而滚落，15死8伤。
45	2001年3月31日	甘肃省天水市武山县鸳鸯镇金塔建材	大面积山体塌方，5人在此次事故中死亡。
46	2001年7月28日	四川省雅安地区雅安市晏场镇五里村	因暴雨发生山体坍塌，造成5人死亡，1人受伤。
47	2001年7月30日	江西省景德镇市乐平市塔前镇一采石场	大面积山体坍塌，塌方坡面长70多m，死亡15人，13人失踪。
48	1962年9月29日晚	云南省个旧市云锡公司新冠选矿厂火谷都尾坝	大坝突然塌垮，受伤人数89人，国家拨出农田水利救济款700万元。
49	1974年9月	台湾省基隆、台北之间八堵附近	崩塌体规模约5000 m^3，死亡36人。
50	1976年7月7日、1979年9月1日	云南省贵昆铁路	贵昆铁路西段地面塌陷。造成2502次列车颠覆，直接经济损失3000万元。
51	1980年6月3日5时35分	湖北省远安县宜昌地区殷盐磷矿矿务局	山崩体积135万 m^3，死亡304人，直接经济损失516万元。
52	1987年9月1日3时35分	重庆巫溪县城厢镇南门湾	崩塌体积为7000余 m^3，死亡98人，受伤25人，直接经济损失200余万元。
53	1991年	山西省吕梁地区临县安业乡丁家村	滑体长100 m，宽40 m，高40 m，损坏70孔窑，民政救济2万元。
54	1991年	江苏省镇江市市区	直接经济损失1.5亿元。
55	1991年	陕西省咸阳市泾阳县	土方量达158万 m^3。
56	1991年4月	浙江省宁波市北仑区白峰渡口	直接经济损失100多万元。
57	1991年4月	安徽省芜湖市繁昌制药厂	滑动方量2000 m^3。
58	1991年4—6月	安徽省马鞍山市马钢南山铁矿露天采场	滑塌方量250～6000 m^3，迫使43 m中转站停产18天，直接经济损失40万元。
59	1991年4—6月	安徽省马鞍山市马钢桃冲铁矿露天采场	滑塌方量4000 m^3，直接经济损失22万元。
60	1991年6月	安徽省巢湖东风石灰石采场	山体滑坡，使采石场停产3个月以上，直接经济损失在200万元以上。
61	1991年6月13日	甘肃省甘南州舟曲县南峪	滑动土石方量约875万 m^3，中断交通40多天。
62	1991年6月13日	甘肃省甘南自治州舟曲县南峪江顶崖	滑动体积750万 m^3，直接经济损失200万元。
63	1991年7月	山西省吕梁地区临县招贤乡小塔则村	受灾居民达82户，300人左右，房屋受损177间。
64	1991年9月14日	山西省临汾市枕头乡枕头街	滑坡体使51间房屋受到严重破坏，1人被埋，电杆折断10根。

续表

序号	时间	地点	灾情
65	1991年11月9日	山西省塑州市平朔露天矿南排厂	滑坡体积1600万m³，压死7人，直接经济损失4000万元。
66	1991年8月18日	吉林省浑江市临江至长白公路	滑坡体约2万m³。埋没公路40米，中断交通3日，并中断输电线路。
67	1991年7月5日	安徽省宣城地区绩溪县北部坑口坞湾	滑坡体形成了天然堰塞坝使戈溪河断流壅高成湖，河西村21户92人被围困在水中。
68	1991年7月12日	云南省曲靖地区会泽县娜姑镇	毁农田213亩，30间房屋被埋，死亡6人，495人受到严重威胁。
69	1991年7月1—15日	云南省曲靖地区宣威县	发生滑坡18处，毁坏民房95间，畜厩40间，3人死亡。
70	1991年8月3日	云南省红河州昆河铁路334公里	4000余m³碎屑物质堆积于铁路股道上，造成铁路运输阻断。
71	1991年8月27日	云南省昭通地区威信县扎西镇	滑体体积10万m³，24人死亡。
72	1991年9月17日	云南省昆明市禄劝县马鹿乡普福	滑坡体方量500余万m³，造成10人死亡；直接经济损失243万元。
73	1991年9月23日	云南省昭通市盘河乡头寨沟	滑坡灾害共造成216人死亡，8人受伤；经济损失800万元。
74	1991年11月4日	云南省东川市小坪子	滑体方量460 m³，公路被滑坡物质阻断毁坏，中断交通达7天之久。
75	1992年8月29日	吉林省浑江市临江至长白公路	中断交通2日。
76	1992年2月	福建省宁德地区屏南县寿山乡梨后	滑动方量1.24万m³，毁田20亩。
77	1992年3月	福建省三明市尤溪县联合乡联南	滑动方量11.25万m³，毁坏林业站食堂1座。
78	1992年3月	福建省三明市尤溪县联合乡云山	滑动方量1.8万m³，毁坏一民房，危及16户62人，毁坏30亩农田。
79	1992年3月26日	福建省龙岩地区漳平县象湖乡上德安	民房受损，搬迁54户，受灾人口159人，直接损失18万元。
80	1992年4月	福建省龙岩地区上杭县溪门上锦坊石墨	滑动面积6万m³，毁坏房屋1间、损坏1间。
81	1992年5月9日	福建省宁德市赤溪乡琴田	滑动方量1.8万m³，毁田60亩。
82	1992年5月13日	福建省宁德地区霞浦县崇儒乡洋里	滑动方量1.5万m³，毁田20多亩。
83	1992年7月4—23日	福建省三明市沙县商政乡龙江白社厝	造成直接经济损失102.7万元。
84	1998年2月18日	福建省宁德地区福鼎市白琳镇玄武岩矿	造成17人死亡。
85	1992年3—4月	江西省赣州地区瑞金县瑞林乡	428户1247间房屋及下坝乡湖岭村18户住房因崩塌滑坡压垮。
86	1992年3—4月	江西省赣州地区兴国县	因崩塌滑坡倒塌房屋100余间，压死13人。

续表

序号	时间	地点	灾情
87	1992年3—4月	江西省上饶县	崩塌滑坡倒塌房屋2472余间，压死3人，伤35人。
88	1998年	江西省宜春地区宜丰县黄岗、车上两乡	6个大中型山体滑坡，数十万立方米的山体发生滑坡。
89	1990年4月26日	河南省三门峡市陕县宜村乡南沟村	雨后发生黄土滑坡、滑坡体面积约3亩，7位村民埋没土下而死。
90	1992年7月11日	河南省新乡市火电厂	10间房屋倒塌，9名农民工死亡，6名重伤。
91	1992年4月17日	云南省迪庆州下关—中甸国道	国道路基坍塌，路面滑坡积石3万 m^3，阻断公路约180 m，毁坏输电线路100余m。
92	1992年7月13日	云南省昭通地区彝良县老房	滑坡方量5000 m^3，整个村子被埋。
93	1992年4月12—17日	云南省昭通市炎家山乡熊家湾	滑坡物质方量1200万 m^3，近600亩耕地遭严重破坏。
94	1992年7月17日	云南省昭通地区彝良县新场乡	滑动方量238万 m^3，21间房屋被毁。
95	1992—1996年	云南省红河州开远县小龙潭煤矿	直接经济损失764.93万元。
96	1993年1月24日	云南省曲靖地区宣威县龙口电站	滑动方量约6万 m^3，3台发电机组被埋，直接经济损失212.5万元。
97	1993年7—9月	云南省红河州红河县甲寅乡	滑坡直接危害1所小学，学生被迫迁出。经济损失20万元。
98	1993年7—9月	云南省红河州红河县石头寨乡	滑坡破坏面积约2 km^2，冲毁稻田150亩。经济损失数十万元。
99	1993年7—9月	云南省红河州绿春县三勐乡	滑坡体积10余万 m^3。直接经济损失达80余万元。
100	1993年8月	云南省怒江州兰坪县金顶镇杏仁村	杏仁村坐落在滑坡体上，全村下滑28 m。直接经济损失20万元。
101	1993年8月	云南省迪庆州中甸国道214线老鹰岩	中甸县城与德钦县、维西县过往内地交通完全中断。直接经济损失60余万元。
102	1994年10月6—12日	云南省昭通地区鲁甸县王家坪子	滑坡总方量510万 m^3，直接经济损失600万元。
103	1995年7月28日至8月3日	辽宁省抚顺市新宾县新南干线	38处滑坡，致使这条动脉干线被切断，停运一个月。
104	1995年4月25日	浙江省杭州市淳安县威坪镇叶家丝厂	滑动方量为40万 m^3，死亡8人，受伤2人，直接经济损失300万元。
105	1995年5月5日和6月4日	浙江省杭州市萧山市长河砖瓦厂	滑动方量分别为2万、3.5万 m^3，直接经济损失270万元。
106	1995年	安徽省大别山区、皖南、津浦	2处大型滑坡，造成公路关闭达5个月之久。
107	1995年2—8月	湖北省宜昌地区长阳县	发生滑坡、泥石流21处，1人死亡，1人受伤，经济损失约1929万元。
108	1995年2—8月	湖北省宜昌地区兴山县	发生滑坡、危岩3处，总方量1160万 m^3，经济损失约300万元。

续表

序号	时间	地点	灾情
109	1995年4—7月	湖北省咸宁地区通城县	发生滑坡、泥石流560处，9人死亡，110人受伤，毁坏房屋7340间，经济损失约10000万元。
110	1995年6月10日	湖北省鄂西自治州巴东县县城二道	方量为0.4万m^3，造成5人死亡，9人受伤，经济损失约1000万元。
111	1995年7—8月	湖北省郧阳地区竹溪县	发生滑坡、泥石流121处，经济损失约1200万元。
112	1995年8月11—12日	湖北省襄樊市保康县	因降雨共发生滑坡、泥石流273处，经济损失约5100万元。
113	1995年8月30日	湖北省黄石市袁仓煤矿矸石山	滑动方量83万m^3，毁坏159户民房、矿区及部分厂房，经济损失1746万元。
115	1995年10月29日	湖北省鄂西自治州巴东县县城三道沟	方量为12万m^3，毁坏房屋110间，毁坏公路209国道170 m，经济损失约2044.9万元。
116	1995年6月	湖南省长沙市浏阳市、浏阳县	滑坡，淹没大量农田及民房，破坏隧道1处，经济损失约820万元。
117	1995年6—7月	湖南省长沙市、长沙县	滑坡总方量为20万m^3，造成3人死亡，经济损失约120万元。
118	1995年8月3—4日	海南省万宁县、陵水县	造成5人死亡，15人失踪，直接经济损失达8875万元。
119	1995年8月3—4日	海南省保亭县	堤岸坍塌、山体滑坡，11人死亡，基础设施毁坏严重，直接经济损失1.3亿元。
120	1995年7月18日	四川省乐山市峨边县平等乡象鼻根村	民工临时工棚被埋，死亡19人，伤5人，直接经济损失40余万元。
121	1995年8月25日	四川省乐山市牛华红崖子	中断交通2个月，经济损失100万元。
122	1995年2月9日	贵州省遵义地区桐梓县东山水泥厂	滑坡方量为4万m^3，毁坏民房及厂房多间，造成经济损失约40万元。
123	1995年7月15日	贵州省毕节地区威宁县杏子村	滑动方量大于15万m^3，造成26人死亡，毁坏房屋38间。
124	1995年9月8日	云南省红河州开远市小龙潭煤矿	滑动方量130万m^3。滑坡造成北矿坑东开采区停产，剥离道全部破坏。
125	1995年9月12日	云南省红河州河口县县城冷库	滑动方量3万m^3，10人死亡，经济损失数十万元。
126	1996年8月	山西省晋中地区昔阳县	较大滑坡21处，造成3人死亡，直接经济损失1000万元。
127	1996年8月4日	山西省太原市阳曲县	发生较大滑坡8起，造成经济损失270万元。
128	1996年8月4日	山西省太原市清徐县	重大滑坡灾害，两座相隔300 m左右的山头瞬间崩塌合拢，造成90%的房屋倒塌，直接经济损失达553万元。
129	1996年8月4日	山西省忻州地区	多处山体滑坡，造成22人死亡，直接经济损失4000万元。

续表

序号	时间	地点	灾情
130	1996年	内蒙古区临河市哈德门金矿	滑坡方量约2000 m^3，导致个体采金人员6人死亡，20余人受伤。
131	1996年	内蒙古区伊克昭盟达拉特旗恩格贝水库	滑动方量约4万m^3。滑动后坝体严重渗漏，坝体随时有垮坝危险。
132	1996年8月11日	辽宁省大连市中山区明泽街	滑动方量约2000 m^3，造成1人轻伤，直接经济损失100万元。
133	1996年6月30日—7月17日	安徽省安庆市	滑塌总量约33万m^3，造成44人死亡，7250人受伤，经济损失219620万元。
134	1996年6月6日—7月3日	安徽省地宣城区泾县205国道乌溪段	3处滑坡，造成直接经济损失10万元，间接经济损失100万元。
135	1996年6月30日—7月1日	安徽省宣城地区皖赣铁路沿线	路基受洪水浸泡、冲蚀造成多处滑坡、崩塌，经济损失1000万元。
136	1996年6月17日—7月15日	安徽省铜陵市	11处发生江河库堤坝砂基渗漏、滑坡，造成直接经济损失24000万元。
137	1996年7月1日	安徽省黄山市旅游风景区	滑坡方量分别为2.5万和1万m^3，造成2人死亡，2人受伤，经济损失达55万元。
138	1996年7月2日	安徽省宣城地区旌德县公路	方量为4万m^3，造成4人死亡。
139	1996年7月2日	安徽省贵池市殷家汇铜矿	两处老滑坡复活滑动，造成经济损失3000万元。
140	1996年8月2—4日	河南省洛阳市嵩县陶村祁峪沟金矿	造成采矿农民工3人死亡，5人受伤。
141	1996年3月16日	湖北省鄂西自治州利川市雪照河电站	方量为0.5万m^3，造成电站引水渠被毁35 m，机组停机45天，直接经济损失200万元。
142	1996年4月	湖北省鄂西自治州巴东县枣子乡猎脑壳包	山体开裂变形，规模约80万m^3，迫使6个小煤井封停，经济损失300万元。
143	1996年4月9日	湖北省黄石市大冶市陈贵镇大广山	方量1.2万m^3，造成18人死亡，两个矿井报废，直接经济损失150万元。
144	1996年5—6月	湖北省鄂西自治州巴东县三道沟	巴东县三道沟因降雨使滑坡变形加剧，规模约12.8万m^3，隐患极大。
145	1996年6月2—8日	湖北省巴东县信陵镇胡家湾等	胡家湾、大面山两处滑坡方量分别为30万和1100万m^3，隐患极大。
146	1996年6月2日	湖北省咸宁地区通城县	因降雨作用诱发滑坡3300余处，造成直接经济损失4300万元。
147	1996年7月	湖北省咸宁地区蒲圻市水泥厂、煤厂	蒲圻市降暴雨，诱发水泥厂、国营煤厂两处滑坡，造成直接经济损失98万元。
148	1996年7月	湖北省宜昌地区五峰县付家堰乡	滑坡规模约730万m^3，威胁滑坡区9个乡机关单位及23栋民房。
149	1996年7月	湖北省郧阳丹江口市六里坪镇	丹江口市六里坪镇周家湾水库发生滑坡险情，规模约4.2万m^3，隐患极大。
150	1996年7月4日	湖北省鄂西自治州恩施市太阳区柑树垭村	方量1200 m^3，毁坏耕地100余亩，17户农户需要搬迁，经济损失50万元。
151	1996年7月13日	湖北省郧阳地区竹溪县水坪镇高桥村	发生6处滑坡、1处泥石流，总方量42万m^3，存在较大隐患。

续表

序号	时间	地点	灾情
152	1996年7月21日	湖北省宜昌地区远安县苟家垭镇岩湾	因采矿造成山体开裂变形，规模约1.6万m^3，隐患极大。
153	1996年8月4日	湖北省郧阳地区谷城县茨河镇	方量约70万m^3，毁坏207国道1 km，366间房屋受损，经济损失366万元。
154	1996年8月11日	湖北省郧阳竹山县柳林乡、峪口乡	5处滑坡、1处泥石流，2人死亡，10人受伤，直接经济损失95万元。
155	1996年12月	湖北省宜昌县乐天溪镇	规模96万m^3，威胁三峡工程专用公路、9个单位及70户居民的安全。
156	1996年	湖南省邵阳市区马王山	方量约30万m^3，经济损失800万元。目前仍存在极大的隐患。
157	1996年7月11—18日	湖南省衡阳市	共发生较大滑坡5处，方量共37.5万m^3，直接经济损失543万元。
158	1996年7月17日及8月4日	湖南省怀化溆浦县小江口乡蓑衣溪	方量为200万m^3，滑坡体上44户居民被迫搬迁，直接经济损失430万元。
159	1996年7月10日	湖南省张家界市武陵源区	总方量约250万m^3，1人重伤，毁坏房屋120间，直接经济损失150万元。
160	1996年7月14日	湖南省湘西自治州吉首市河溪镇阿娜村	方量均为10万m^3，毁坏民房8栋及319国道，造成13栋房屋搬迁，直接经济损失达80万元。
161	1996年7月16日	湖南省怀化地区会同县县城中心街	发生大型滑坡，方量约220万m^3，直接经济损失将达15000万元以上。
162	1996年8月2日	湖南省郴州地区桂东县前寨乡中民村	造成5人死亡，毁坏农田900余亩及部分民房，直接经济损失500万元。
163	1996年8月2日	湖南省郴州地区永兴县樟树乡大岭村	方量约3.2万m^3，造成1人死亡。
164	1996年7月3日	广西区河池地区南丹县八圩乡拉友村	滑下的土体覆盖面积约1.3万m^3，造成12人死亡，4人重伤，毁房11间，经济损失15万元。
165	1996年7月9日	重庆涪陵至武陵公路	公路错断下滑10～30 m，20个企事业单位停产停业，直接经济损失880万元。
166	1996年7月	重庆酉阳县大河口乡长岭	发生特大型滑坡，造成100亩土地开裂，危及55户129人生命财产的安全。
167	1996年5月15日	贵州省铜仁地区松桃县甘龙镇	方量约4.2万m^3，毁坏公路50 m，中断交通15天。
168	1996年7月1日	贵州省铜仁地区松桃县甘龙镇瓦溪	滑坡群，毁坏公路500 m，中断交通50天。
169	1996年7月1日	贵州省贵阳市火车北站	滑坡方量约4000 m^3，造成15人死亡，毁坏房屋数间。
170	1996年7月2日	贵州省黔东南州凯里市螃海镇色村	方量约0.3万m^3，7人死亡，直接经济损失50万元。
171	1996年9月19日	贵州省铜仁地区印江县岩口	滑坡方量约260万m^3，造成3人死亡，直接经济损失15000万元。
172	1996年12月2日	贵州省贵阳市沙冲路灰坝段	滑体体积为2.69万m^3，38人死亡，16人受伤。

续表

序号	时间	地点	灾情
173	1996 年	云南省红河州河口县县城	河口县城发生滑坡群活动，直接经济损失 5000 万元，间接经济损失 8000 万元。
174	1996 年	云南省楚雄自治州楚雄大天城	发生滑坡群活动，方量 2000 万 m^3，造成间接经济损失 7000 万元。
175	1996 年	云南省思茅地区元江县那诺乡	发生滑坡群活动，方量 30000 万 m^3，造成直接经济损失 4000 万元。
176	1996 年	云南省德宏自治州腾冲县上营乡	滑坡群活动，直接经济损失 3500 万元，间接经济损失 10000 万元。
177	1996 年 6 月	云南省红河州元阳县老金山金矿	金矿 3 天之内发生两起高势能滑坡，38 个矿硐被埋，300 多名农民工死亡、失踪，直接经济损失达 1.4 亿元。
178	1996 年 7 月 19 日及 8 月 1 日	云南省昭通地区盐津县普洱镇	方量 18 万 m^3，毁坏房屋 28 幢，100 多人搬迁，直接经济损失 450 万元。
179	1996 年 7 月 17 日	云南省红河州绿春县洛瓦电站	小型滑坡泥石流造成 1 人受伤，冲毁电站，直接经济损失 103 万元。
180	1996 年 7 月 21 日	云南省红河州个旧市卡房镇老熊洞	造成 1 人受伤，交通中断 2 月，18 家工矿企业停产，间接经济损失 400 多万元。
181	1996 年 8 月	云南省红河州金平县老集寨乡	方量为 3.84 万 m^3，损坏医院和学校，直接经济损失 160 万元。
182	1996 年 8 月	云南省红河州屏边县玉屏镇办事处	方量为 1.25 万 m^3，造成 1 人受伤，直接经济损失 48.6 万元。
183	1996 年 8 月 1 日	云南省红河州元阳县新城乡瓦灰成村	方量为 16 万 m^3，造成 1 人受伤，直接经济损失 160 万元。
184	1996 年 9 月	云南省大理自治州弥渡县太花乡白马庙	掩埋制砖车间及机械设备，直接经济损失 65 万元。
185	1996 年 9 月 2 日	云南省玉溪地区澄江县禄充镇磨盘山	澄川公路损坏 35 km，通信、水、电等设施受损，直接经济损失 300 多万元。
186	1996 年 7 月 7 日	陕西省汉中地区镇巴县巴庙、久隆	滑坡计 3140 处，造成 11 人死亡，大量道路被毁。
187	1996 年 9 月 23 日	陕西省西安市灞桥区灞桥乡	方量约 5 万 m^3，5 人死亡，11 人受伤，摧毁房屋近 1000 m^2。
188	1996 年 2 月 27 日	青海省海东地区乐都县洪水乡 109 国道	滑坡方量为 3.6 万 m^3，造成国道中断交通 5 天，经济损失 3.6 万元。
189	1996 年 8 月 2 日	青海省海东地区民和县峡口乡八大山村	方量 455 万 m^3，毁坏农田 350 亩，威胁 200 户居民的生命财产安全。
190	1996 年 11 月 1 日	青海省海东地区乐都县中坝乡洪三村	方量仅 1600 m^3，造成 6 人死亡，5 人受伤，直接经济损失 5 万元。
191	1996 年 7 月 26—27 日	宁夏区彭阳县红河牛乡黑牛沟	方量约 100 万 m^3，造成 23 人死亡，7 人受伤，直接经济损失 154.8 万元。
192	1996 年 3 月 29 日	新疆区昌吉自治州吉木萨尔县北庭煤矿	采空区浮煤煤体滑坡，致使 2 人死亡，直接经济损失 6 万多元。
193	1997 年	山西省太原市太原北郊化客头乡	方量 120 万 m^3，造成房屋毁坏，土地沙化，经济损失 1000 多万元。

续表

序号	时间	地点	灾情
194	1997年6月	湖北省宜昌地区远安县	发生滑坡94处，方量208万 m^3，毁坏房屋16间，农田420亩，经济损失320万元。
195	1997年7月	湖北省鄂西自治州咸丰县	方量26万 m^3，冲毁公路120 m，毁坏茶地50亩，经济损失100万元。
196	1997年6月7日	湖南省长沙市京广线长沙段	滑坡方量0.6万 m^3，京广线上行受阻8个小时，经济损失300万元。
197	1997年6月7日	湖南省衡阳市衡南县欧阳海灌区	滑坡方量共计17万 m^3，危及村民安全，直接经济损失100万元。
198	1997年6月8日	湖南省郴州地区安仁县排山乡大石村	方量0.75万 m^3，倒塌房屋40间，毁林2000方，经济损失300万元。
199	1997年9月1日	湖南省衡阳市耒阳市龙塘镇龙形村	滑坡方量5.4万 m^3，造成14人死亡，经济损失150万元。
200	1997年9月1日	湖南省衡阳市衡东县、衡南县	共造成29人死亡，部分房屋、农田被毁坏，经济损失160万元。
201	1997年8月14日	广东省肇庆市郁南县平台镇雅口村	滑坡为顺软弱带滑动形成，范围45900 m^2，经济损失108万元。
202	1997年8月6日	广西区桂林地区恭城县岛坪铅锌矿	方量大于10万 m^3，直接经济损失大于100万元。
203	1997年3月17日	四川省宜宾市油泵坳水库	滑体面积达4万 m^3，直接经济损失达150万元。
204	1997年7月5日	四川省南屏地区广安县第二中学后山崖	滑坡总体积约2万 m^3，直接经济损失约100万元。
205	1997年7月19日	四川省宜宾地区兴文县久庆镇金凤村	滑塌土石约3000～4000 m^3，53人死亡，40人受伤。
206	1997年9月22日	四川省凉山自治州会理县木古乡明河村	滑动土石方约500万 m^3，直接经济损失340万元。
207	1997年6月20日	贵州省黔东南州黎平县大稼乡大稼村	方量约13.2万 m^3，造成6人死亡，6人受伤，经济损失310万元。
208	1997年7月15日	贵州省六盘水市盘县特区纸厂村后山	方量约0.75万 m^3，造成31人死亡，直接经济损失39万元。
209	1997年7月17日	贵州省毕节地区织金县三塘镇岩洞口	方量约0.45万 m^3，造成10人死亡，18人受伤，直接经济损失12万元。
210	1997年7月16日及8月	云南省怒江自治州泸水县石缸河锡矿区	矿区严重受损，直接经济损失200万元。
211	1997年7月21日	云南省昭通地区巧家县新店乡	滑坡方量为10000万 m^3，直接经济损失1120万元。
212	1997年9月7日	云南省大理自治州鹤庆县内坪乡均华村	造成直接经济损失262万元。
213	1997年9月25日	云南省临沧地区云县大朝山西镇	大量房屋、农田、交通、水利水电被毁，造成直接经济损失500万元。
214	1998年2月28日	浙江省丽水地区景宁县新建坪	造成23人死亡。
215	1998年2月18日	福建省宁德地区福鼎市白琳镇玄武岩矿	造成17人死亡。

续表

序号	时间	地点	灾情
216	1998年汛期	重庆市（直辖市全区）	降雨引发滑坡，直接危害168家工矿企业，死亡24人，估计经济损失在15亿元以上。
217	1998年	重庆市江津县聂荣珍纪念馆	摧毁办公室、办公楼，使先期投入的1000万元左右的建馆和滑坡治理费全部损失，聂帅馆不得不易地再建。
218	1998年	重庆市渝中区小龙坎	公路治理费达100万元以上。
219	1998年1月21日至23日	甘肃省甘南自治州舟曲县江盘乡河南村	滑坡方量约900万 m^3，高压输电线路、供水管道、防洪堤、道路、耕地被毁，直接经济损失达244万元。
220	1998年7月15日	甘肃省陇南地区武都县桔柑村雷家大山	为大规模山体滑坡，方量约48.8万 m^3，，直接经济损失达42万元。
221	1998年5月17至19日	新疆区伊犁地区新源县坎苏乡坎苏沟	大雨引发洪水、滑坡、泥石流灾害，造成8人死亡，直接经济损失800多万元。
222	1998年6月	重庆市渝中区沙牛路	阻塞交通2天，治理费约50万元。
223	1998年6月5日	四川省凉山自治州美姑县乐约乡	滑坡总体积3780万 m^3，造成1527人受灾，死亡、失踪150人，伤21人，直接经济损失791万元。
224	1998年8月	重庆市巫溪县石坝	滑坡使投入1000万元的水电站报废。
225	1998年8月	重庆市奉节县奉溪公路收费站	滑坡中断交通14天。
226	1998年8月6日	重庆市忠县金声乡桂乡村	造成28户96人的137间住房倒塌，一所小学遭破坏，损毁耕地310亩。
227	1998年8月6日	重庆市丰都县武平镇百节村	359间住房倒塌，22户114人的房屋成为危房，危及87户309人安全。
228	1998年8月10日	重庆市巴南区麻柳嘴	吞没161户村民的房屋和财产。
229	1998年8月10日	重庆市巴南区麻柳嘴	特大型滑坡，造成2个社、161户村民的1035间住房垮塌，损毁耕地700亩。
230	1998年8月10日	重庆市巫溪县土城乡石壁村	20户97间房屋倒塌，77人无家可归，危及256人323间民房，损毁耕地520亩。
231	1998年8月12日	重庆市云阳县帆水乡大面村	特大型滑坡，造成1200间住房倒塌或成危房，损毁耕地约600亩，危及340户100人安全。
232	1998年8月21日	重庆市巫溪县高竹乡马宗村	损毁耕地339亩，房屋倒塌4间，111间房屋成为危房，危及32户137人。
233	1998年9月5日	重庆市綦江洋渡河岸的土台镇	除直接危及土台镇、矿区专用铁路外，对綦江铁矿的正常生产也造成严重影响，直接经济损失600万元。
234	1998年9月5日	重庆涪陵区江东办事处	摧毁厂房和农舍，造成直接经济损失5000余万元。

续表

序号	时间	地点	灾情
235	1999年7月4日	四川省凉山州会东县老口乡老炉房村	滑坡体积达12万 m^3，有45户、461人受灾，直接经济损失达25.3万元。
236	1999年3月25日	浙江省丽水地区丽浦线石塘	18人死亡，多个工段被迫停工达数月，滑坡治理费上亿元。
237	1999年4月21日	浙江省金华市金华—温州铁路	603次列车3节车厢脱轨，6人受伤。
238	1999年4月22日	河南省三门峡市310国道豫陕交界处	310国道上的8辆汽车被埋，2人死亡，6人受伤。
239	1999年5月17日	湖南省益阳地区安化县木子乡马岩村	滑坡体方量约为8000 m^3，造成一栋房屋被毁，2人死亡。
240	1999年6月27日	云南省红河州绿春县大兴镇牛洪	滑坡灾害，造成4人死亡。
241	1999年6月30日	安徽省贵池地区贵池市高坦乡斗溪村	滑坡造成3人死亡。
242	1999年6月30日	安徽省宣城地区泾县茂林镇汐口村风坑	滑坡造成1人死亡，直接经济损失约49万元。
243	1999年6月30日	安徽省黄山市屯溪北城区	滑坡摧毁三栋11间房屋，直接经济损失达60万元。
244	1999年6—7月	广西区河池地区南丹县境内	因暴雨发生滑坡462起，死亡32人，失踪5人，伤1人，直接经济损失1000万元。
245	1999年7月1日	江苏省宜兴市茗岭乡下村团山	滑坡体方量约为2万 m^3，直接导致4人死亡，直接经济损失达40万元以上。
246	1999年7月2日	青海省西宁市城北区土巷道	因连降暴雨及人工开挖边坡引发滑坡，4人死亡，2人受伤。
247	1999年7月8日	湖南省湘西自治州花垣县补抽乡大本村	由于持续降雨，发生滑坡，造成1栋房屋被毁，致死3人。
248	1999年7月15日	湖南省郴州地区桂东县城关镇南街	滑坡冲毁房屋1栋，造成2人死亡，1人受伤，直接经济损失20万元。
249	1999年8月26日	云南省德宏自治州陇川县王子树	大面积滑坡，涉及受灾人口1270人，房屋659间，倒塌房屋8间，毁坏公路3 km。
250	1999年8—9月	重庆市巫山县旧城	发生沿江滑坡和地面变形，造成3000多人受灾。
251	1999年9月1日	湖南省郴州地区郴州市沙泉村小茶潦组	方量5000 m^3，造成5人死亡，4人重伤，直接经济损失67万元。
252	1999年9月17日	湖南省郴州地区桂东县桥头乡	因暴雨诱发百余处山体滑坡，造成2人死亡，108间房屋和40多亩稻田被毁。
253	1999年11月4日	江夏区郑店街营七村	滑坡体积约在7000 m^3 左右，有3名民工被当场砸死，1名重伤被埋在土石之中6人，仅有1人尸体被挖出。
254	1999年11月20日	贵州省遵义市红花岗区南关	由于连降暴雨斜坡突然发生滑动，造成1人死亡，2人重伤，5人轻伤，直接经济损失约10万元。

续表

序号	时间	地点	灾情
255	1999年12月30日	四川省川藏公路二郎山隧道	滑坡总体积约210万m^3。
256	2000年4月9日	西藏区林芝地区波密县高山湖—易贡湖	大规模山体滑坡，造成4000多人被困，1万多人面临洪水威胁。
257	2000年4月19日	湖南省岳阳市临湘市桃林镇铅锌矿	连降暴雨发生滑坡，使正在作业的4名矿工全部死亡。
258	2000年4月21日	河南省郑州市郑州市郊区古荥镇	滑坡当时有5人被掩埋，经多方抢救，其中4人被救出，1人死亡。
259	2000年4月22日	河南省三门峡市310国道豫陕交界处	310国道上的8辆汽车被埋，2人死亡，6人受伤。
260	2000年6月6日	四川省泸州市古蔺县	由于连降暴雨，诱发滑坡，死亡41人，5人失踪，轻重伤851人，1.2万余人无处栖身。
261	2000年6月22日	贵州省六盘水市六枝特区新窑乡联盟村	因暴雨发生滑坡压死3人。
262	2000年6月28日	江苏省连云港市北云台山南部的大岛山	滑塌土石方量近50万m^3。
263	2000年7月8日	甘肃省临夏自治州永靖县盐锅峡镇黑方台	滑坡体积约500万m^3，直接经济损失约184万元。
264	2000年7月13日	陕西省平利县、户县、镇巴县	连日暴雨诱发大型群发性滑坡，造成127人死亡，52人失踪。
265	2000年7月28日	广西区河池地区都安县九渡乡九福村	特大山体滑坡，7人死亡、2人失踪、9人受伤，毁坏房屋14间并损失财物。
266	2000年8月12日	云南省德宏自治州汇流电站厂房	泥石流，造成电站停产，死亡13人，失踪4人。直接经济损失达200万元以上。
267	2000年8月18日	云南省怒江自治州兰坪县凤凰山矿山	连降大雨发生滑坡，造成靠近南场矿部沟中捡矿群众10人死亡，5人下落不明。
268	2000年8月25日	福建省泉州市大坪山	山体滑坡使山底下东海镇山兜自然村的两座民房被压倒塌，5人死亡，3人受伤。
269	2000年8月25日	福建省泉州市德化县浔中镇、雷锋镇	山体滑坡造成4人死亡，2人受伤。
270	2000年8月26日	福建省泉州市安溪县	滑坡冲毁道路、桥梁，造成1人死亡，多人受伤。
271	2000年10月28日	湖北省宜昌地区秭归县高姑坪村	古滑坡体前缘部分有40万m^3出现滑坡，4户村民20多人转移。
272	2000年11月27日	福建省莆田市仙游县榜头镇后坡村	滑体约600多m^3。造成5人死亡，1人受伤。经济损失53000元。
273	2001年7月2日	云南省红河自治州	暴雨引发泥石流，死亡人员15人，失踪10人，受伤7人，经济损失3629万元。
274	2001年8月26日	四川省甘孜自治州	318国道发生严重泥石流，造成3辆汽车被淹没，2人死亡，交通、通信中断。

4 中国重大泥石流事件表

序号	时间	地点	灾情
1	1960年8月3—5日	辽宁省岫岩县牧牛、石庙、黄花甸子、宽甸县	泥石流点10400处，冲毁房屋300间，农田3600公顷，死亡179人。
2	1961年10月20日	云南省禄丰县元永井沟	死亡104人，受伤57人。
3	1964年7月20日	甘肃省兰州市西固区洪水沟	先发生40万m^3的黄土滑坡，堵塞沟道，时逢4小时降雨150 mm，形成泥石流，死亡157人。
4	1965年7月7日	甘肃省天水市罗玉沟	特大泥石流，冲毁房屋3800余间，为我国泥石流毁房较多的一次，死亡200人。
5	1968年8月10日	云南省东川市蒋家沟	交通中断3个月，掩埋沿江公路、桥梁、矿山干燥车间、转运基地及良田670 hm^2。
6	1969年8月10日	北京市怀柔县琉璃庙、崎峰茶、八道河、西庄乡，密云县石城乡	发生26处泥石流，倒房434间，京承铁路桥墩、路基被冲毁，列车翻倒，死亡159人，受伤3人。
7	1970年5月26日	四川省冕宁县盐井沟	盐井沟铁矿堆放的矿渣诱发泥石流，死亡104人，受伤29人。
8	1973年4月27日	甘肃省庄浪县文家沟、史家沟、李家嘴	共毁房4000余间，农田受灾670 hm^2，死亡牲畜2600余头。死亡800人。
9	1973年	四川省汉源县九乡干河沟	泥石流连年成灾，死亡350余人。
10	1974年6月18日	云南省盈江县浑水沟	泥石流大暴发，冲毁大盈江堤坝多处，埋没良田2万hm^2，直接经济损失1880万元。
11	1976年7月23日	北京市密山县古北口、半城子、冯家峪等	毁房3636间，损坏农田1833 hm^2，死牲畜280头，毁树20077株，损粮19吨，死亡104人。
12	1977年7月23—26日	辽宁省锦西县山神庙乡石庙子沟	泥石流点达1000余处，死亡27人，直接经济损失2200万元。
13	1977年7月	云南省兰坪县城	西菜园暴发泥石流，直接经济损失270万元，重建费3000万元。
14	1977年8月1日	甘肃省古浪县	稀性泥石流埋没农田4700 hm^2，死亡100余人，直接经济损失300万元。
15	1978年8月7日凌晨	甘肃省兰州市徐家湾地区	徐家湾地区14条沟同时暴发泥石流，死亡数十人，直接经济损失1000万元。
16	1979年7月23日	河北省青龙县三拨子、白家店等	青龙县出现泥石流1.9万条，死亡40人，受伤38人，直接经济损失2350万元。
17	1979年10月3—8日	云南省六库、泸水福贡、灵山、碧江县	40条泥石流暴发，死亡143人，直接经济损失1800万元。
18	1979年11月2日	四川省雅安县陆王沟、干溪沟	泥石流冲出泥沙、石块量达5万m^3，水利设施被毁，死亡164人。
19	1981年7月9日晚	四川省甘洛县成昆铁路利子依达沟	泥石流冲毁桥梁2孔，2号桥墩截断成3截。死亡300人，直接经济损失2000万元。

续表

序号	时间	地点	灾情
20	1981年7月11日	西藏自治区次仁玛错水湖	水湖溃决成泥石流，冲毁中尼国家公路，进入尼泊尔，死亡200余人。
21	1981年7月27—28日	辽宁省盖县、复县、新金县、金县、岫岩、庄河6县	死亡664人，受伤5058人，直接经济损失5亿元。
22	1981年汛期	四川省阿坝地区等地	40万人受灾，7.5万人无家可归，死亡397人，直接经济损失3.5亿元。
23	1981年8月15—16日、21—23日	陕西省宁强、勉县、略阳、留坝，城固、洋县、南郑7县	因暴雨洪水发生滑坡、崩塌、泥石流19411处，死亡183人，直接经济损失5000万元以上。
24	1981年8月21日下午	陕西省凤县	出现滑坡、泥石流400处。宝成铁路中断61天，死亡99人，受伤30人，直接经济损失8826万元。
25	1982年8月8日	辽宁省岫岩县沟汤池、哈达牌、偏岭、大房身、石灰窑等	特大暴雨引起20136处发生泥石流，死亡54人，失踪29人，受伤146人，直接经济损失7775万元。
26	1984年5月27日4时30分	云南省东川市因民沟	死亡123人，受伤34人，直接经济损失1123万元。
27	1984年7月18日	四川南坪县关庙沟、叭啦沟、撮箕沟	关庙沟、叭啦沟和撮箕沟暴发大型黏性泥石流，死亡35人，直接经济损失1494万元。
28	1984年8月3日	甘肃省武都县	4处泥石流堵断白龙江。死亡14人，受伤23人，直接经济损失2945万元。
29	1984年8月3日	甘肃省西和县	全县139条泥石流沟几乎都暴发了泥石流，死亡128人，直接经济损失5443万元。
30	1984年8月	辽宁省凤城县汤山11个乡镇	2天降雨量251 mm，直接经济损失1647万元。
31	1985年6月20日18时	西藏自治区波密县川藏公路追龙沟	此次泥石流体积达3900余万 m^3，中断交通8个月，直接经济损失1500万元。
32	1985年6—7月	云南省东川市小江	小江两岸多条沟谷同时暴发泥石流，死亡12人，受伤13人，直接经济损失1300万元。
33	1985年7月1日	四川省西昌、冕宁、米易18县市	暴雨引起大规模山洪和泥石流，漫淹西昌县城，直接经济损失1亿元。
34	1985年7月26日	辽宁省凤城县鸡冠山、宝山、四台子等25个乡镇	这是凤城历史上最严重的一次泥石流，死亡35人，失踪3人，直接经济损失7599万元。
35	1986年6月13日	四川省越西县铁西	泥石流暴发，冲毁铁路，死亡120人。
36	1986年7月2日	四川省华蓥市枧子沟、撮箕沟、偏岩子沟、观音沟	同时暴发灾害性泥石流，死亡4人，受伤9人，直接经济损失2000万元。
37	1986年7月11日—8月1日	辽宁省凤城县红旗铺、四家子、包营子	凤城县20个乡镇204个村发生泥石流，死亡2人，直接经济损失1046万元。
38	1986年雨季	四川省高县文江后山沟	暴雨触发泥石流，淹埋县城街道，死亡13人，直接经济损失1.3亿元。

续表

序号	时间	地点	灾情
39	1986年10月	云南省泸水县段家沟	泥石流暴发冲毁公路，直接经济损失1280万元。
40	1987年7月5日	新疆维吾尔自治区奎屯河	每小时45 mm的降雨引发了泥石流，死亡6人，直接经济损失2000余万元。
41	1987年8月19日	辽宁省凤城县宝山、白旗乡等12个乡镇	凤城县55014处、岫岩县305处发生泥石流，死亡53人，直接经济损失1400万元。
42	1988年6月25日	四川省高县城区	降特大暴雨，城区遭山洪泥石流袭击，死亡13人，受伤74人，直接经济损失3600万元。
43	1988年7月6日	甘肃省卓尼县	突发泥石流，全城被淹。死亡46人，直接经济损失1052万元。
44	1988年9月下旬	新疆维吾尔自治区20个县、市及3个农垦团场	遭受洪水、泥石流及冰雹袭击，死亡25人，直接经济损失2677万元。
45	1989年6月6日	四川省通江县	倒塌房屋300间，损坏农田200 hm^2，死亡3人，直接经济损失2000万元。
46	1989年7月17日	辽宁省岫岩县朝阳、汤沟、黄花甸、偏岭、大房身、大营子、苏子沟乡镇	1.5个小时内降雨153 mm，引起泥石流3417处，死亡30人，受伤10人，直接经济损失6530万元。
47	1989年7月18日	辽宁省凤城县凤城镇、凤山、鸡冠山、宝山、东汤、草河等23个乡镇	12小时降雨243 mm，发生泥石流916处，死亡8人，直接经济损失3347万元。
48	1989年7月21日15时、22日1时	北京市密云县番字牌小西天沟、大峪沟等沟	发生泥石流，死亡18人，受伤3人，直接经济损失4500万元。
49	1989年9月3—4日	四川省冕宁县泸沽区沙坝乡等	洪水暴发导致泥石流，死亡51人，受伤43人，直接经济损失3550万元。
50	1990年5月31日凌晨	四川省会理县益门、下村、白果、油房等乡和益门煤矿	山洪、泥石流暴发，死亡34人，受伤25人(含洪水)，直接经济损失1000万元。
51	1990年8月25—28日	四川省什邡、绵竹山区厂矿等	德阳市连续遭受大暴雨袭击，导致山洪暴发、山体滑坡、泥石流，死亡12人，受伤36人，直接经济损失8000余万元。
52	1991年6月6日	云南省怒江州泸水县上江乡	受灾人口6200人，受灾耕地4645亩，死牲畜10头，冲毁公路。经济损失100余万元。
53	1991年6月6—7日	新疆维吾尔自治区伊犁地区巩留县博图沟	24人死亡，7人受伤；经济损失30万元。
54	1991年6月10日	北京市怀柔县中部山区长哨营乡、汤河口乡	5条沟发生泥石流，共造成18人死亡，总计造成直接经济损失约2.6亿元。
55	1991年6月10—13日	云南省红河州金平县	造成5人丧生，5头耕牛死亡，395亩梯田被毁，冲走粮食7.6万kg。

续表

序号	时间	地点	灾情
56	1991 年 6 月 1—22 日	云南省德宏州盈江县西部山区铜壁关、昔马等 5 个乡	死亡 11 人，重伤 12 人，冲走粮食 4.3 万 kg；房屋毁坏 235 间；直接经济损失 954.7 万元。
57	1991 年 7 月 17 日	浙江省杭州市萧山县许贤乡西山村	发生沟谷型泥石流，死亡 2 人，直接经济损失 50 万元。
58	1991 年 7 月 17 日	浙江省杭州市富阳县大乐坞	泥石流总量 10 万 m^3，毁房 129 间，50 余亩良田变成沙砾滩，公路被毁，直接经济损失 150 万元。
59	1991 年 7 月 26 日	河南省三门峡市陕县四村沟	发生稀性泥石流，冲走汽车 4 辆，2 部汽车报废，损失 24 万元。
60	1991 年 8 月 6 日	湖北省鄂西自治州巴东县城	泥石流冲进巴东县城，造成少数人员伤亡，损失严重。
61	1991 年 9 月 7 日	云南省大理州云龙县	6 人死亡，损失大牲畜 150 余头，直接经济损失近 300 万元。
62	1991 年 9 月 19 日	云南省昆明市成昆铁路大湾子站	泥石流方量约 6000 m^3；新江车站铁路道轨被埋，致使交通运输中断。
63	1991 年	宁夏回族自治区王金沟	冲毁汽车 2 辆，死亡 4 人。
64	1991 年	宁夏回族自治区红果子沟	死亡 11 人。
65	1991 年	黑龙江省七台河市煤矿区	矿外风井受到泥石流的袭击并形成了直径为 40m，深达 30 余 m 的塌陷坑，造成 11 人死亡。
66	1991 年	新疆区伊犁果子沟	冲毁公路，中断交通 3 天。
67	1991 年	新疆区伊犁巩留	造成 24 人死亡。
68	1991 年	黑龙江省七台河市红卫乡岚峰乡	有 21 个村屯受到泥石流的袭击，泥石流覆盖土地面积约 3 万余亩，倒塌房屋 67 间。
69	1991 年	吉林省延边州图们市	牡丹江—图们铁路 111 km 处发生泥石流，造成经济损失 30.5 万元。
70	1992 年 3 月	云南省怒江州贡山—丙中洛公路	发生泥石流 15 处，塌方 71 处，共 25000 m^3，路基塌方 15600 m^3。
71	1992 年 4 月 30 日	甘肃省陇南地区宕昌县秦峪乡秦峪沟	毁坏房屋 75 间，冲毁农田 2377 亩。
72	1992 年 4 月 30 日	甘肃省陇南地区宕昌县沙湾乡泉水沟	造成 2 人死亡，伤 1 人，毁坏房屋 43 间，损失粮食 4750 kg。
73	1992 年 7 月 27 日	云南省怒江州六库镇	死亡 1 人，重伤 32 人，轻伤 36 人，直接经济损失 144 万元。
74	1992 年 8 月 12 日	陕西省汉中地区略阳县纪家沟	死亡 49 人，受伤 3 人，经济损失近千万元。
75	1992 年 8 月 31 日	云南省保山地区龙陵县腊勐	5 人失踪，直接经济损失 26.5 万元。
76	1992 年 9 月 27 日	浙江省丽水地区景宁县岩下村	死亡 13 人，大量房屋被毁，冲毁公路，交通停运达月余。
77	1993 年 6 月 28 日	云南省昭通地区巧家县大寨乡	百年不遇的泥石流造成 5 个村庄 630 户人家受灾。死 1 人，直接经济损失 30 余万元。
78	1993 年 7 月 4 日	云南省怒江州贡山县龙江乡	冲毁房屋 41 间，粮仓 4 间；受灾 27 户 105 人；直接经济损失 22 万元。

续表

序号	时间	地点	灾情
79	1993年8月15日	云南省东川市阿望乡窝坡箐	窝坡箐水电站被毁，直接经济损失120万元。
80	1993年8月20—30日	云南省大理州320国道平坡—黄连铺	320国道10余处发生山崖崩塌及泥石流，导致滇西大动脉320国道大理至永平间交通完全中断，直接经济损失3800万元。
81	1993年8月24—31日	云南省怒江州六库镇兰坪县福贡县	怒江州六库镇、兰坪县、福贡县等地多次发生滑坡、泥石流。直接经济损失80余万元。
82	1993年8月31日7时至9月1日	云南省东川市汤丹镇	造成烂泥坪小水井水电站和风景村水电站全毁，7人死亡，3人重伤，直接经济损失250余万元。
83	1993年8月	云南省丽江地区永胜县金官镇	造成河道多处决堤，淹没稻田12000亩，半数以上稻田颗粒无收。直接经济损失10余万元。
84	1994年6月9—10日	云南省临沧地区国道214线	直接经济损失215万元。
85	1994年7月13日	云南省红河州元阳县马街乡	泥石流总方量11万m^3，约4000人受灾，死亡50人，重伤54人，直接经济损失约6000万元。
86	1994年7月14—17日	云南省西双版纳州国道213线	国道213线多处发生滑坡、泥石流，直接经济损失400多万元。
87	1994年7月17日	云南省大理州南涧县浪沧乡	多条河流暴发泥石流，死亡7人，167人受伤，直接经济损失2.2亿元。
88	1994年7月29日	云南省思茅地区景东县大朝山	泥石流冲毁景东县邮电局机房，造成1人死亡，8人受伤。直接经济损失500万元。
89	1995年6月24日	贵州省安顺地区开阳县金钟镇	泥石流方量大于120万m^3，造成25人死亡，28人受伤，经济损失2亿元。
90	1995年7月3日	贵州省铜仁地区江口县	泥石流总方量为61万m^3，造成7人死亡，2人受伤，造成经济损失约307万元。
91	1995年7月13日	四川省凉山州西昌铁路蒲次—永朗站	诱发3万余m^3的泥石流，直接经济损失上百万元。
92	1995年7月16—17日	四川省广元市宝成铁路白田坝—沙溪	宝成铁路白田坝—沙溪因降雨两次发生滑坡，诱发泥石流，直接经济损失达300余万元。
93	1995年7月24日19时—25日6时	云南省昭通地区彝良县牛街镇	滑坡、泥石流灾害10余处，死亡41人（全县因灾死亡人数），重伤41人；总经济损失达1.28亿元。
94	1995年7月28日	河北省唐山市迁安县马兰庄乡水厂	形成尾矿砂泥石流，方量为10万m^3，淹没首钢铁路专用线，经济损失约10万元。
95	1995年7月29日	河北省唐山市迁西县部分乡镇	总方量为2.68万m^3，毁坏房屋72间，冲毁农田1100亩，经济损失637万元。
96	1995年7月29日	河北省保定地区涞水县赵庄乡等7个村	5条泥石流沟同时发生，10人受伤，经济损失约3700万元。
97	1995年7月30日	河北省唐山市迁安县赵店子乡铁矿	形成尾矿砂泥石流，淹没农田近千亩，矿山停产两天，经济损失约70万元。

续表

序号	时间	地点	灾情
98	1995年7月	贵州省铜仁地区石阡县	因降雨发生滑坡、泥石流、岩溶洪涝，泥石流方量为13万m^3，经济损失约183万元。
99	1995年7月28日至8月3日	辽宁省抚顺市抚顺县救兵乡	不同程度的滑坡、泥石流8000多处，死亡3人，1800亩森林被毁坏。
100	1995年8月14日	新疆区乌鲁木齐市阿拉沟	造成大河沿—乌斯台公路115—128 km段21处被埋，造成经济损失约1280万元。
101	1995年8月14—15日	云南省西双版纳州勐腊县	1000多户人家受灾，2人死亡，21人重伤。经济损失1亿元。
102	1995年8月16日	云南省大理州云龙县宝丰乡	大型稀性泥石流，29人死亡，10人重伤，368人无家可归；直接经济损失820万元。
103	1995年8月11—17日	云南省红河州河口县	形成洪水—滑坡—泥石流灾害链，17人死亡，58人受伤，直接经济损失1.7亿元。
104	1995年8月19日	甘肃省兰州市榆中县金崖	流动方量为33万m^3，造成3人死亡，1人受伤，经济损失540万元。
105	1995年8月19日	青海省海南自治州贵德县阿什贡乡新村	泥石流方量为1500万m^3，冲毁农田1965亩，经济损失约98.25万元。
106	1995年8月	云南省文山州麻栗坡县	暴雨引发洪水—滑坡—泥石流灾害链。13人死亡，19人受伤。直接经济损失1150万元。
107	1995年9月1日23时—2日4时	云南省文山州广南县篆角乡	导致13间房屋倒塌；粮食减产16万kg，直接经济损失40万元。
108	1995年9月6日	青海省海东地区湟源县寺寨乡寺寨沟	泥石流方量为220万m^3，造成10人死亡，经济损失约1850万元。
109	1995年9月6日	青海省海东地区民和县境内部分乡镇	泥石流方量大于45万m^3，滑坡方量大于112万m^3，1人死亡，4人重伤，经济损失约1100万元。
110	1995年10月4日	云南省曲靖地区陆良县	造成房屋倒塌216户，粮食全部冲走，经济损失2146万元。
111	1995年	安徽省大别山区、皖南、津浦	发生泥石流2800处，13人死亡，经济损失约9000万元。
112	1996年4月	贵州省铜仁地区万山特区	泥石流方量约4万m^3，毁坏房屋100余间，耕地612亩。
113	1996年6月4日	重庆市石柱县龙沙乡	暴发大型泥石流，冲毁溪河两岸农田上千公顷，造成部分农田难以恢复。
114	1996年6月10日	重庆市南川市三泉河镇	泥石流造成山坡上农作物全部被毁，山坡下毁坏农田21亩，森林23亩，同时造成河道堵塞、公路被淹埋的危害。
115	1996年6月11—15日	安徽省贵池市石台县	发生泥石流近千处，经济损失达6亿元以上。
116	1996年6月25—29日	贵州省铜仁地区德江县南杆乡、松溪坝	发生4处泥石流，方量约4万m^3，毁坏房屋9间，耕地640亩。
117	1996年6月	重庆市石柱县龙沙乡枫台村	发生小型泥石流，造成公路、农田、农宅大量受损，经济损失达数百万元。

续表

序号	时间	地点	灾情
118	1996年6月30日—7月7日	四川省雅安地区石棉县丰乐乡	三次发生泥石流，毁坏农田100亩，冲毁部分树木，造成国道108线丰乐段和所有矿山公路中断，淤埋堰渠多处。
119	1996年6月30日—7月2日	安徽省宣城地区绩溪县北村乡杨林	泥石流方量6万 m^3，毁坏农田2万亩。
120	1996年7月2日	贵州省贵阳市清镇市站街镇	发生3次泥石流，方量约1.82万 m^3，造成5人死亡，1人受伤，直接经济损失63万元。
121	1996年7月2日	贵州省黔东南州凯里市米薅乡	两处发生泥石流，5人死亡，毁坏房屋11间，直接经济损失20万元。
122	1996年7月8—9日	四川省雅安地区汉源、石棉、雅安等	诱发了多处山洪泥石流，造成9个电站被冲淤，损坏房屋2765间，直接经济损失达1916万元。
123	1996年7月14日	贵州省铜仁市谢桥乡、石竹乡	3次发生泥石流，方量约176.9万 m^3，毁坏耕地640亩。
124	1996年7月15日	贵州省铜仁地区，印江县合水乡	泥石流方量约2.04万 m^3，毁坏耕地700亩。
125	1996年7月26—27日	四川省雅安地区天全县多功、始阳等	发生了多处山洪泥石流，造成3人失踪，直接经济损失达60万元。
126	1996年7月	新疆全境	多起泥石流灾害，造成数十人死亡，公路、铁路多处被毁，经济损失巨大。
127	1996年7月	重庆市彭水县汉葭镇下坝乡	中型滑坡发生复活并转化形成泥石流，直接经济损失达400万元。
128	1996年4—7月	湖北省宜昌地区秭归县	发生滑坡、泥石流灾害共241处，11人死亡，32人受伤，直接经济损失8079万元。
129	1996年8月1日	浙江省丽水地区青田县石川坪钼矿	51人死亡，数十人受伤，沿途冲毁建筑物面积达10000 m^2，直接经济损失3000万元。
130	1996年8月2日	湖南省郴州地区永兴县大布江乡东坑村	泥石流沟谷长3 km，毁坏民房31间，桥梁2座，农田150余亩，直接经济损失83万元。
131	1996年8月3日	河南省洛阳市嵩县陶村祁峪沟金矿	总方量约20万 m^3，造成36人死亡，4人重伤，直接经济损失850万元。
132	1996年8月2—4日	河南省洛阳市嵩县小秦岭地区	大西峪、文峪沟发生泥石流，冲毁矿区公路13 km，直接经济损失690万元。
133	1996年8月3—4日	河南省安阳市林县（林州市）	发生坍塌、泥石流、滑坡，冲毁红旗渠，使渠道淤塞154处，淤积方量94402 m^3。
134	1996年8月4日	云南省大理自治州漾濞县太平乡机关驻地	泥石流方量为1.5万 m^3，2人受伤，7个单位、10户农户被淹，直接经济损失110.2万元。
135	1996年8月4日	河北省石家庄赞皇县嶂石岩乡野湖村	泥石流堆积物总量约4000 m^3，17人死亡，25人受伤，冲毁房屋161间。
136	1996年8月4日	河北省石家庄元氏县旷村乡佃户营	共造成26人死亡，39人受伤，冲毁房屋950间，经济损失9426万元。
137	1996年8月4日	河北省石家庄平山县	泥石流共造成10人死亡，毁坏房屋60间，冲毁大量农田及林木。

续表

序号	时间	地点	灾情
138	1996年8月4日	河北省邢台市邢台县将军墓镇	发生滑坡6处，泥石流约25万 m^3，7人死亡，直接经济损失713万元。
139	1996年8月4日	河北省邢台市邢台县浆水镇	发生滑坡6处，泥石流1处，7人死亡，2人受伤，经济损失525万元。
140	1996年8月4日	河北省邢台市邢台县宋家庄乡甄家庄	造成8人死亡，毁坏房屋59间，农田百余亩，经济损失450万元。
141	1996年8月4日	山西省太原西山矿务局	泥石流随着洪水灌入官地矿和杜儿坪矿井，造成19人死亡，直接经济损失2亿元。
142	1996年7月28日—8月10日	河北省秦皇岛市北部	发生泥石流664处，6人死亡，67人受伤，经济损失约10215万元。
143	1996年8月10日	云南省大理自治州巍山县庙街乡六合村	造成1人受伤，冲毁30户农户住房和17间企业房屋，直接经济损失330万元。
144	1996年8月10日	云南省迪庆自治州德钦县升平镇阿东	泥石流方量24.75万 m^3，造成1人死亡，冲毁农田120亩，直接经济损失29.8万元。
145	1996年8月10日	云南省大理自治州云龙县宝丰乡东山箐沟	泥石流方量0.7万 m^3，100余户受灾，直接经济损失67万元，间接经济损失10万元。
146	1996年8月上旬	河北省衡水地区全境	20.2万亩农田被泥沙掩埋，淤沙厚度1 m左右。
147	1996年8月11日	云南省昭通地区巧家县大寨乡小田河	泥石流方量<50万 m^3，造成3人死亡，30人受伤，直接经济损失400万元。
148	1996年7月末至8月中旬	辽宁省丹东市宽甸县	17个乡发生了泥石流和滑坡共2100处，直接经济损失4427万元。
149	1996年7月下旬—8月上旬	河北省承德地区全境	严重泥石流，3人死亡，14人重伤，经济损失约28000万元。
150	1996年9月20日	海南省儋州市海头镇	海头镇发生泥石流、水土流失，2人死亡，毁房400间，直接经济损失5200万元。
151	1996年9月20日	海南省儋州市蚂蝗岭	水土流失面积约56 km^2，泥石（沙）冲毁农田5000亩，直接经济损失1000万元。
152	1996年10月2日	云南省大理自治州云龙县旧州乡功果村	泥石流方量23.4万 m^3，直接经济损失889.3万元。
153	1996年	云南省楚雄自治州元谋县县城	泥石流方量3万 m^3，造成直接经济损失4500万元，间接经济损失20000万元。
154	1997年5月8日	广东省广州市从化市鳌头镇黄茅洞等	崩塌、滑坡形成泥石流100多处，72人死亡，150人受伤，经济损失3.5亿元。
155	1997年5月8日	广东省广州市花都市梯面镇五联等村	崩塌、滑坡形成泥石流100多处，造成16人死亡，265人受伤，经济损失1.2亿元。
156	1997年5月8日	广东省清远市飞来寺	崩塌形成泥石流，方量约0.5万 m^3，11人死亡，经济损失5000万元。
157	1997年5月8日	云南省昭通地区鲁甸县龙头山	方量为9万 m^3，造成19人死亡，36人受伤，直接经济损失7979万元。
158	1997年6月5日	四川省凉山自治州美姑县乐约乡	大面积山体滑坡并诱发泥石流，152人死亡，2人重伤，直接经济损失1500余万元。
159	1997年6月8日	湖南省衡阳市炎陵县查龙乡龙凤村	泥石流方量7.5万 m^3，毁坏房屋9栋，掩埋农田100亩，经济损失150万元。

续表

序号	时间	地点	灾情
160	1997年6月15日	四川省攀枝花市仁和区新华乡	引发多处泥石流，掩埋房屋、田地等，103人受伤，直接经济损失300余万元。
161	1997年7月3日	广东省清远市大麦山铜矿	泥石流充填巷道2处，淹埋原矿3500吨，经济损失205万元。
162	1997年7月3日	广东省清远市英德市属露天采矿场	所有露天采矿场被冲毁，矿山公路中断，经济损失1000万元。
163	1997年7月7日	四川省攀枝花市米易县普威、垭口等乡	引发多处滑坡、泥石流，3人死亡，34人受伤，直接经济损失3200余万元。
164	1997年7月12日	贵州省黔东南州黎平县尚重乡归更村	泥石流方量约10.5万m^3，毁坏公路4 km，直接经济损失120万元。
165	1997年8月5日	青海省西宁市小西沟、瓦窑沟	泥石流方量5.9万m^3，2人死亡，3人受伤，直接经济损失1580万元。
166	1997年8月5日	青海省海南自治州共和县龙羊峡水电站	泥石流方量数十万立方米，2人死亡，直接经济损失8000万元。
167	1997年8月5日	青海省海南自治州贵德县尕让乡	泥石流方量0.943万m^3，3人死亡，直接经济损失1053.19万元。
168	1997年8月5日	青海省海东地区乐都县杏园	泥石流方量0.43万m^3，造成碳化硅厂部分设施被毁，直接经济损失418万元。
169	1997年8月13日	宁夏区汝箕沟	6人死亡，8人受伤，矿区生活、生产设施，遭到严重破坏，直接经济损失约500万元。
170	1997年8月25日	四川省甘孜自治州泸定县冷渍沟	掩埋房屋、田地等，造成11人死亡，直接经济损失达113万元。
171	1997年10月3日	云南省怒江自治州泸水县石缸河锡矿区	方量约2.8万m^3，造成12人死亡，3人受伤，13人失踪，直接经济损失1000万元。
172	1998年6月15日	青海省海东地区湟源县	方量约0.9万m^3，2人死亡，部分农田被淹，直接经济损失588万元。
173	1998年6月19日	西藏区昌都地区左贡县玉曲河中、下游	冲毁农田上千亩，冲毁水渠及小水电站，冲走部分牲畜，冲毁部分房屋。
174	1998年6月25日	新疆区克孜勒苏州阿克陶县库斯拉普乡	2人死亡，10余人受伤，直接经济损失达380万元。
175	1998年6月25日	新疆区克孜勒苏州阿克陶县塔尔乡小学	1人死亡，数人受伤，毁坏房屋20多间，直接经济损失240万元。
176	1998年7月4日至5日	宁夏区银南地区灵武东山大泉乡庙梁子	方量约8万m^3，造成下滩等村沟渠被淤，冲毁水利工程30处，直接经济损失100万元。
177	1998年7月28日和8月4日	新疆区克孜勒苏州阿克陶县阿克塔拉牧场	60多间房屋被毁，交通中断达20多天，直接经济损失达400万元。
178	1998年8月12日	新疆区吐鲁番市煤矿	泥石流进入煤矿采空区，使矿井被掩埋，采空区大量积水积沙，直接经济损失250万元。
179	1998年8月17至18日	新疆区喀什地区叶城县新藏公路阿卡孜	特大型水毁及泥石流灾害，造成道路被堵，交通中断达60多个小时。
180	1998年8月28—29日	云南省大理州云龙县狮尾河	15人死亡，3人失踪，上报直接经济损失达7亿余元。
181	2001月6月18日	重庆市云阳县老县城旁的五峰山	5万余m^3的滑坡堆积体伴随着泥石流冲进了居民区，云阳县彩印厂厂房当即被毁。

续表

序号	时间	地点	灾情
182	2001年7月2—4日	云南省红河自治州金平县	普降暴雨引发泥石流，死亡15人，失踪10人，受伤7人，直接经济损失3629万元。
183	2001年7月10—11日	四川省甘孜藏族自治州	大面积的泥石流涌入康定河，冲毁、淹没川藏公路500 m和部分房屋，8人被洪水围困，通讯光缆中断30余小时，4000余辆汽车受阻
184	2001年8月26日	四川省甘孜自治州雅江县	318国道再次发生严重泥石流，造成3辆汽车被淹没，2人死亡，交通、通信中断

主要参考文献

陈崇明 . 1996. 云南东川泥石流及其防治管理 . 云南地理环境研究，8（2）：72-80.

陈光曦，王继康，王林海 . 1983. 泥石流防治［M］. 北京：中国铁道出版社 .

陈强 . 2007. 地质灾害防治工作规范与突发灾害事故应急预案典型范本 . 北京：中国地质科技出版社 .

程明虎，刘黎平，张沛源，等 . 2004. 暴雨系统的多普勒雷达反演理论和方法 . 北京：气象出版社 .

程尊兰，朱平一，刘雷激 . 1998. 泥石流活动与雨强的关系［J］. 自然灾害学报，7（1）：118-120.

崔鹏，关君蔚 . 1983. 泥石流启动的突变学特征［J］. 自然灾害学报，2（1）：53-61.

崔鹏，刘世建，谭万沛 . 2000. 中国泥石流监测预报研究现状与展望［J］. 自然灾害学报，9（2）：10-15.

崔鹏，杨坤，陈杰 . 2003. 前期降雨对泥石流形成的贡献——以蒋家沟泥石流形成为例［J］. 中国水土保持科学，1（1）：11-15.

丁俊，魏伦武，赖绍民，等 . 2004. 我国西南地区城市地质灾害与防治对策［J］. 中国地质灾害与防治学报，15（增刊）：119-122.

杜榕桓，等 . 1995. 三十年来的中国泥石流研究［J］. 自然灾害学报，4（4）：64-73.

符文熹，聂德新，任光明，等 . 1997，中国泥石流发育分布特征研究［J］. 中国地质灾害与防治学报，8（4）：39-43.

高克昌 . 2006. 基于 GIS 和数值天气预报的区域泥石流预报辅助决策支持系统——以西南三省一市为例［D］. 成都：中国科学院成都山地灾害与环境研究所 .

洪梅，张韧，孙照渤 . 2006. 多光谱卫星云图的高维特征聚类与降水天气判别 . 遥感学报，10（2）：184-190.

黄润秋 . 2004. 论滑坡预报 . 国土资源科技管理，21（6）：15-20.

黄润秋 . 2007. 20 世纪以来中国的大型滑坡及其发生机制［J］. 岩石力学与工程学报，26（03）：433-454.

康志成，李焯芬，马蔼乃，等 . 2004. 中国泥石流研究［M］. 北京：科学出版社 .

李德基 . 1997. 泥石流减灾理论与实践［M］. 北京：科学出版社 .

李建通，杨维生，郭林，等 . 2000. 提高最优插值法测量区域降水量精度的探讨 . 大气科学，24（3）：263-270.

李云华，李安洪 . 2004. 三峡库区重庆市云阳县宝塔—鸡扒子滑坡群稳定分析研究 . 科学技术通讯，（1）：19-24.

李昭淑 . 2002. 陕西省泥石流灾害与防治［M］. 西安：西安地图出版社，187-191.

李振宇，高秀花，潘玉玲 . 2004. 核磁共振测深方法的新进展 . CT 理论与应用研究，13（2）：6-10.

刘传正，张明霞，孟晖 . 2006. 论地质灾害群测群防体系 . 防灾减灾工程学报，26（2）：175-179.

卢乃锰，吴蓉璋 . 1997. 强对流降水云团的云图特征分析 . 应用气象学报，8（3）：269-275.

马力，曾祥平，向波 . 2002. 重庆市山体滑坡发生的降水条件分析 . 山地学报，20（2）：246-249.

钱宁，王兆印 . 1984. 泥石流运动机理的初步探讨［J］. 地理学报，39（1）：33-43.

商向朝，郝勇．1986. 日本泥石流研究进展［A］//中国科学院成都地理研究所．泥石流（3）［M］．重庆：科学技术文献出版社重庆分社，150-151.
尚岳全．2006. 地质工程学．北京：清华大学出版社．
师春香，卢乃锰，张文建．2001. 卫星面降水估计人工神经网络方法．气候与环境研究，6（4）：467-472.
史锐，程明虎，崔哲虎，等．2005. 多普勒雷达实时反射率因子垂直廓线观测研究．气象，31（9）：39-43.
孙园，李大心．2005. 滑坡监测的新方法——PMP 测量方法．中国地质灾害与防治学报，16（增刊）：15-18.
谭炳炎，段爱英．1995. 山区铁路沿线报与泥石流预报的研究［J］．自然灾害学报，4（2）：43-52.
谭万沛等．1994. 暴雨泥石流滑坡的区域预测与预报．成都：四川科学技术出版社．
汤达章，傅德胜，张亚萍．1992. 暴雨回波跟踪及临近预报初探．南京气象学院学报，15（1）：66-71.
唐邦兴，杜榕桓，康志成，等．1991. 1∶600 万中国泥石流灾害分布及其危险区划图及说明书．第 1 版．成都：成都地图出版社．
唐邦兴，杜榕桓，康志成，等．1980. 我国泥石流研究［J］．地理学报，35（3）：259-264.
王礼先，于志民．2001. 山洪及泥石流灾害预报［M］．北京：中国林业出版社．
王立志，李俊，周凤仙．1998. GMS-5 四通道云图的自动分类及其在定量降水估算中的应用．大气科学，22（3）：371-378.
王彦磊，江海英，赵中军，等．2007. 多光谱卫星云图降水区域与强度估计的模糊推理模型．解放军理工大学学报（自然科学版），8（2）：198-204.
韦方强，胡凯衡，陈杰．2005. 泥石流预报中的前期有效降水量的确定［J］．山地学报，23（4）：453-457.
韦方强，谢洪，Jose L Lopez，等．2000. 委内瑞拉 1999 年特大泥石流灾害［J］．山地学报，18（6）：580-582.
文宝萍．1996. 滑坡预测预报研究现状与发展趋势．地学前缘，3（1）：86-91.
谢洪，钟敦伦，韦方强，等．2006. 我国山区城镇泥石流灾害及其成因［J］．山地学报，24（1）：79-87.
徐双柱，项经魁，万玉发，等．1994. MYTRONS 系统在暴雨临近预报和研究中的应用．气象，20（8）：37-42.
许强，黄润秋，李秀珍．2004. 滑坡时间预测预报研究进展．地球科学进展，19（3）：478-483.
姚展予，李万彪，高慧琳，等．2002. 用 TRMM 卫星微波成像仪资料遥感地面洪涝的研究．气象学报，60（2）：243-249.
游然，许健民．2002. 用 SSM/I 微波遥感图像分析海上台风的螺旋云带．气象学报，60（4）：477-485.
俞小鼎，姚秀萍，熊廷南，等．2000. 新一代天气雷达原理与应用讲义．北京：中国气象局培训中心科学技术培训部．
张春山，吴满路，张业成．2003. 地质灾害风险评价方法及展望．自然灾害学报，12（1）：96-102.
张建永．1999. 滑坡研究现状综述．中国岩溶，18（3）：280-286.
张培昌，戴铁丕，杜秉玉，等．1988. 雷达气象学．北京：气象出版社，179.
张书余．2005. 地质灾害气象预报基础．北京：气象出版社．
张亚萍．2007. 利用新一代天气雷达观测资料制作流域径流预报的研究［D］．北京：中国气象科学研究院；南京：南京信息工程大学．